U0348294

张丽杰

周婧

张军

何某

叶爽英

魏梦晗

朱玉玲

刘天明

曹宝龙

汪明姝

杨梓桐

周诗杭

杨 敏

李玉双

李雨浓

李慧玲

李正浩

肖润国

王月瑶

吴俊豪

陈　璐

旷清泉

白玛拉姆

邝森中

胡羽聰

李欣瑜

李柯萍

張志豪

陆 衡

方星雨

葛绍娟

王琦

杨睿

张建楠

张脐尹

赵 娜

王子昂

我们的盛夏时光

——2019年农建专业综合实践

◎ 赵淑梅　李保明　主编

中国农业科学技术出版社

图书在版编目（CIP）数据

我们的盛夏时光：2019年农建专业综合实践 / 赵淑梅，李保明主编 . — 北京：中国农业科学技术出版社，2021.7

ISBN 978-7-5116-5310-9

Ⅰ . ①我… Ⅱ . ①赵… ②李… Ⅲ . ①农业工程－专业－大学生－社会实践－研究 Ⅳ . ① S2

中国版本图书馆 CIP 数据核字（2021）第 086687 号

责任编辑	张志花
责任校对	李向荣
责任印制	姜义伟　王思文

出 版 者	中国农业科学技术出版社
	北京市中关村南大街 12 号　邮编：100081
电　　话	（010）82106636（编辑室）（010）82109702（发行部）
	（010）82109709（读者服务部）
传　　真	（010）82106631
网　　址	http://www.CASTP.cn
经 销 者	各地新华书店
印 刷 者	北京中科印刷有限公司
开　　本	170 毫米 ×240 毫米　1 /16
印　　张	8.25　彩插　8 面
字　　数	120 千字
版　　次	2021 年 7 月第 1 版　2021 年 7 月第 1 次印刷
定　　价	68.00 元

前 言

　　1978 年的全国科学大会，明确提出了"要加强农业工程学科与新技术的研究和应用"，并把农业工程学科列为国家重点发展的新学科之一，于是国务院和高教部指示北京农业机械化学院（现中国农业大学东校区）在国内率先创办农业建筑与环境工程专业，目标是发展农业工程学科，培养设施农业工程领域高层次复合型人才，促进我国现代设施农业发展和城乡居民"菜篮子"安全供应等。1979 年本专业开始正式招收本科生；1996 年学科调整，将农村能源工程并入，更名为农业建筑环境与能源工程专业（简称"农建专业"）。

　　2019 年，在举国欢庆中华人民共和国成立 70 周年之际，农建专业也迎来了 40 周岁的生日。40 年栉风沐雨，有幸同步于改革开放的步伐，有幸参与了祖国的高质量快速发展。经过 40 年的探索与实践，农建专业得到了广泛的社会认可，先后入选北京市特色专业、教育部特色专业，中国农业大学也成为教育部首批卓越农林人才（拔尖创新型）培养模式改革试点项目单位。如今，培养的学生既有著名的科学家、学术带头人、国际知名学者、优秀企业家、省部委领导，也有坚守在行业生产一线的技术骨干，在国内外现代设施农业工程领域，到处都能看到中国农业大学农建专业优秀学子活跃的身影。

　　专业创建的使命，让农建专业的人才培养始终瞄准如何更好地服务于国家乡村振兴重大发展战略需求，经过多年的探索与实践，在 11 年前，提出了"3+1"创新人才培养模式（前 3 年以专业通识教育为主，后 1 年进行个性化培养），并通过一流学科建设，吸引了一批行业内影响力强的企事业单位，携手共建了"产学研"协同育人机制，很好地契合了 2018 年 10 月发布的《教育部关于加快建设高水平本科教育　全面提高人才培养能力的意见》（教高〔2018〕2号）中有关协同育人机制、加强实践教学等有关要求。

　　"专业综合实践"作为农建专业一个综合性实践环节，开设于大三学年与大四学年中间的夏季学期，是"3+1"人才培养模式中非常重要的一环，起到承上启下的作用，也是发挥产学研协同育人机制的重要载体。开设该环节的目的：一是借助实践教学基地的实训环境，给即将毕业的学生提供一次真实的"演练"机会，夯实并系统化课堂所学理论知识，提高学生的创新实践能力，增进学生对社会的了解，使学生学会与人相处、与人交流合作，同时也希望提高学生的自我认知能力，为明确最后一年的未来规划及个性化发展提供帮助；二是完善师资队伍建设，将校外的优秀人才资源纳入教师队伍，通过实际工程项目和一线工程技术人员的参与指导，既可以保障学生的实践质量，又可以促进校内师资队伍在工程实践能力上的提升；三是实现人才培养与社会需求的对接，疏通人才供需渠道，使学校在人才培养上能够及时把脉社会需求、跟踪行业发展，不断更新教学方法和专业教学内容，同时为企业提前选拔人才和订制培养人才提供机会，为企业的发展不断注入新的活力；四是不断完善提升产学研协同育人机制和实践平台建设，基于人才培养，增进各方在技术服务、项目开发、资源共享等方面的合作。

"专业综合实践"环节实施的方式，是根据专业方向精选一批行业内有影响力的企事业单位，建成校外实践教学基地，打造实践育人平台；通过学生与基地双选的形式，将学生以新员工的身份派遣到基地，参加实际工作；实践过程指导以基地技术骨干组成的导师为主，辅以校内老师的指导和过程管理；选修时间采用"4+"的开放形式，即以夏季学期的4周为基础，鼓励学生在与基地协商的基础上，将实践时间拓展到整个暑假，甚至最后一学年，将实践中没有解决的工程问题、产业问题带回学校，与后期的"工程综合实践"和"毕业设计"环节，以及相关学科竞赛相结合；实践成果的考核，采用全程和全方位考核的方式，即考核内容包括每天的工作日志、总结报告、基地考核意见，以及成果汇报等；鼓励拟就业的学生在实践期间积极争取就业机会，对于通过实践能够与基地签署初步就业意向的学生，予以成绩附加分的奖励。

"专业综合实践"环节至今已实施9年，根据专业交叉学科特点，在设施园艺工程、设施养殖工程、生物质能源工程以及城乡建筑规划等领域，先后有北京中农富通园艺有限公司、中农金旺（北京）农业工程技术有限公司、北京京鹏环宇畜牧科技股份有限公司、中博农畜牧科技有限公司、北京国科·司达特畜牧设备有限公司（北京国科诚泰农牧设备有限公司）、盈和瑞环保工程有限公司、生态环境部环境发展中心、中粮营养健康研究院、国峰清源生物能源有限责任公司、北京汉通建筑规划设计顾问有限公司、清华建筑设计研究院有限公司、华诚博远工程技术集团公司、博天环境集团公司、北京农业机械研究所有限公司、中元牧业有限公司等 40 余家行业内的知名企事业单位成为"专业综合实践"教学基地,携手创建了创新实践育人平台,并且在人才培养方案、师资队伍建设、优质资源共享、人才供需对接等方面,不断健全和完善产学研协同育人机制,达到了合作共赢、开放共享的效果。

学校是人才培养的摇篮,第一次将学生放飞,有忐忑、有激动、更有期待,因此才有了出一本书、记录一届学生成长的初衷,并在 2016 年进行了第一次尝试,有了一个很好的开端,也得到了同学以及校内外老师、基地的认可。书中内容均为同学们的亲身感受,记录了同学们实践过程中的经历和各种小故事,分享了他们在专业知识、实践技能方面的收获,在与人相处、团结协作方面的成长,在早出晚归、坚守岗位方面的感悟等,真实是最打动人心的部分。

"专业综合实践"自实施以来,一直得到中国农业大学本科生院及水利与土木工程学院相关领导的关怀和支持,得到了各实践基地领导和基地导师的积极响应及大力协助,也得到了农建专业全体老师的热心关注和积极参与。

本书编辑过程中,农建 2016 级同学积极响应,其中,王子昂、王琦、朱寅宾等同学在素材的收集、整理以及编辑过程中付出了大量的心血。

由于时间和精力所限,书中难免存在不足之处,敬请广大读者不吝赐教和批评指正。在此一并致以衷心的感谢!

李保明　赵淑梅

2020 年 10 月

目 录

3

实践基地篇

学生感想篇

周　婧

——清华大学建筑设计研究院

"遇到困难不要沮丧和泄气，而要积极总结经验，力求进步。"

　　为期 4 周的实习，带给了我很多收获和感触，提升了我的专业知识水平，加深了我对建筑行业的理解和对工程的认识，也必将对我未来职业道路的规划产生影响。其中，感悟最深刻的有两点，与大家分享。

　　一是会画图只是基础，懂规范才是懂设计。

　　在这次实习中，如果要问我听过最多的关键词是什么，那一定是"是否符合规范"。规范是所有设计方案的指南针和准绳，每个专业有每个专业的规范，而一个设计作品如果不能符合规范的要求，那么将毫无用处。

　　实习的第一天，我就明白了规范是多么的重要。黄仕伟老师介绍说，中油广西田东石油化工总厂有限公司第二生活区这个项目，其实已经规划和设计很久了，去年学长实习时就做了的方案，但一直到现在也没有实施，目前设计前提发生了变化：第一，小区南部新开了一条道路，因此小区原本出入口的设置便不再符合规范，需要重新设置；第二，因为最新修订了建筑防火设计规范，小区原本设计的几栋塔式高层住宅楼也不满足两个消防出口的要求，所以需要对建筑设计方案进行修改和调整。

　　在接下来的实习中，规范也一直常伴我左右。不论是设计办公商业楼，还是重新绘制地下车库，所有的图纸都必须满足规范的要求，就连办公商业楼的厕所也是需要查阅相关公共厕所设计规范来设计的。对于我们这些学生而言，因为在学校做方案或者课程设计，老师的要求并不会那么严格，于是往往养成了画图随

工位工作场景

心所欲的坏习惯，认为图中线条稍微移动一下也不是多大的问题。但在实际工程制图中，规范是无比重要的存在，它不仅是设计师的指向标，更是设计师的保护伞，因为如果没有按照规范进行设计而酿成大错，将造成无法挽回的后果。一开始规范于我而言，确实是束手束脚的存在，柱子要如何摆放，走道要设计多宽，这些看似简单的问题都要一遍一遍地查规范之后才能确定，但到了后来，我养成了严谨的习惯，图中每条线表示什么，为什么会这样画，都会慢慢清晰地出现在我的脑海中，我不再像以前一样迷迷糊糊地画完一套图就算完成了任务。简而言之，我觉得这些收获首先是在很大程度上提高了我的工程素养。

二是工作需要细心，更需要耐心。

在设计院实习工作的这一个月中，我每天的工作内容基本上就是不停地画图与改图。在进行地下车库的绘制过程中，我共对地下车库进行了两次"改头换面"的大修改，基本上都是从头再来，另外，还进行了无数次的小改与调整。第一次大的改动是因为我不懂得地下车库的设计原则，所以导致错误，需要重新再画；第二次是因为以画好的地下车库房屋间距为基础进行日照分析，发现不符合规范要求，于是需要对房屋间距和布置进行重新调整。在实习最开始的时候，一旦遇上要返工的情况，我常常就会泄气和烦躁，但到了后期，我慢慢地变得有耐心了，也琢磨出了一些经验，每当遇上需要返工的情况，不会再沉浸在自己的情绪当中，而是能够主动总结每一次的教训，所以效率越来越高。画图、改图，本身是很枯燥的工作，可正是这样的过程，培养了我的耐心和认真工作的态度，这是我实习的又一收获和成长。我体会到，不管是这次实习也好，还是以后的工作也好，都要保持耐心和认真的态度，掌控自己的情绪，遇到困难不要沮丧泄气，而要积极总结经验、力求进步，才是最重要的。

经过这次实习，我收获了专业知识上的进步，也有了对未来学习和职业规划的一些想法。感谢实习期间黄仕伟老师和聂仕兵总工的耐心指导，也感谢实习期间公司同事的照顾，以及一起实习的同学张建楠的帮助，让我圆满完成了这次实习。

张丽杰

——北京京鹏环宇畜牧股份有限公司

"这一次的实习，将会成为我人生中珍贵的经历之一。"

考虑到本次实习的方向，可能会对日后读研或者工作有一定的导向作用，而在农建专业所对应的几个方向中，我对畜禽养殖中奶牛的相关研究更感兴趣，所以经过一番了解和认真思考之后，我的志愿基地便选择了北京京鹏环宇畜牧股份有限公司（下文简称京鹏）。这里还有一个小插曲，当时有 8 个人同时报名，但是名额只有 3 个，竞争比较激烈，结果，我并非那个幸运儿。但是，之后峰回路转、柳暗花明，有同学与我交换实习单位，因此我最终变成了幸运儿，如愿以偿地到京鹏实习。

在实习期间，有很多小故事都让我很难忘。例如，7 月 29 日，早上 6 点半，我冒着倾盆大雨前往公交车站。由于每天要上班打卡，还有晨会，所以我必须按时风雨无阻地去上班。也许是在考验我，到了公司，雨已经变小了，这成了我难忘的记忆之一。

虽然有很多坎坷的小经历，但是更多的是收获。第一大收获便是画图技能的提升，虽然

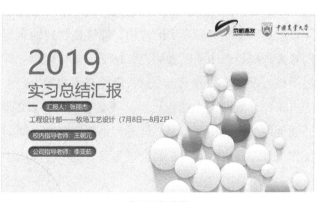

实习汇报剪影

从大一就开始学习 CAD，之后也有很多任务需要使用，但是在这期间我并没有主动去学习更多有用的技巧，来到公司后发现，所有的工作都离不开 CAD 绘图，而且要求熟练操作以提高工作效率，所以这次我下定决心好好学习。通过观看各种视频网站的教学视频、查找文库相关的文档，同时不断地进行相应的练习，在完成指导老师给出的任务时，也在检验我的学习成果。在此过程中，我渐渐发现 CAD 是一个神奇强大的软件，虽然我目前掌握的东西可能仅仅是九牛一毛，但是相比之前的我，绝对有了质的飞跃。

第二大收获就是在总图设计时，更加成熟。这个成熟不是指设计出的方案，而是在绘图时的思考方式，对于总图各个区域，建筑的掌握，面对复杂的场区环境，我知道了从何处下手，也能够自我检查并不断完善设计方案。

第三大收获就是对现阶段牧场的认识。随着科技的进步，人工费用的提高，畜牧业的精准化发展以及国家对于生态环境要求的提升，越来越多的科技产品走进牧场。这些产品对于提高牛奶产量，改善奶牛健康状况，提高工作效率有着绝对的作用，但是目前大多数牧场里的工作人员，限于其知识水平有限，对这些高新科技产品的使用并不理想，目前还很难发挥它们应有的效果。科技发展总是走在前沿，希望企业在实际生产中也能跟上它的节奏。

以前在学校学习，进行课程设计，往往像是在象牙塔中的练习，而这次的实习，让我们走了出来，走进了现实，开始面对可能会提出各种要求的甲方，以及各种复杂的设计条件。

实习的这一个月，每天的工作是充实而有意义的，上下班需要指纹打卡，每周在公司的系统里提交工作报告，这样正式的、严格的管理要求，让我提前体验到了未来工作的感觉。如果说遗憾，就是本次来到京鹏实习，其实是还有一个期望，就是期望能够去真实的牧场，能够把学到的东西，以及还有一些疑惑不解的内容带到现场去印证、去调查，加强记忆与理解。但遗憾的是，在这一个月的实习期里，没有合适的工程项目，没能有预期的出差机会。不过，即使每天都在办公室工作，收获的东西也已经让我受益匪浅，真的很感谢我们的两位指导老师，感谢他们的倾囊相授与耐心解惑，也感谢在实习期间，每一位为我们提供帮助的工作人员，这次的实习，将会成为我人生中珍贵的经历之一。

张 军
——国峰清源生物能源有限责任公司

"我个人比较喜欢实地参观学习，因为可以学到很多在办公室、在学校里学不到的东西。"

为期4周的专业实习悄无声息地结束了。我选择了国峰清源生物能源有限责任公司（下文简称国峰清源），这是一家与生物质能、新能源相关的企业。前两周在北京总公司学习，后两周去江苏淮安市进行实地参观。常言道"读万卷书，行万里路"，我个人比较喜欢实际参观学习，因为可以学到很多在办公室、在学校里学不到的东西。

当然，作为实习生，公司并没有给我安排过于烦琐的工作，而是更偏重于对我们的培养，如在北京总公司更多的是做一些资料与书籍的查找整理、研读工作，在江苏主要学习研读项目图纸、参观工地与项目设施等相关工作。

整个实习过程中留给我印象比较深的是在江苏小镇的生活。和北京不同，在这里，没有繁华的都市，没有环境优雅的写字楼，没有每天可以见到的汹涌人流，没有早晚高峰拥挤的地铁……在这里，有的是正在建设的沼气项目的施工现场，有的是工人忙忙碌碌的身影，有的是小镇的优雅静谧……

我们居住在江苏省淮安市淮阴区码头镇，毗邻韩侯故里。作为汉淮阴侯韩信的故里，千百年来关于韩信的历史遗迹和纪念性建筑很多，而且是屡废屡建。改革开放以来，全面恢复了关于韩信的历史文化名胜古迹，其中包括淮阴侯庙、韩信钓鱼台、胯下桥、漂母岸、千金亭等。这座小镇有着独特风格的建筑，人流相对稀少，给人以纯净的感觉。

虽然在江苏的时候几乎每天都在下雨，但是雨水并没有冲刷掉天气的炎热，而工人们都依然在施工现场忙忙碌碌,管理人员也都在彩钢板搭建的临时办公室里坚守工作岗位。

在项目现场,我了解到项目的相关知识与设施,包括了综合楼、一级发酵罐、二级发酵罐、"L"形功能房、物料处理机器(包括秸秆预处理除尘设备、秸秆预处理旋风分离器、秸秆研磨机、秸秆拆捆机等设备)、火炬、物料贮存区、灭火器、消防栓等。

一级、二级发酵罐

水稻秸秆传送装置

水稻秸秆拆捆机

螺旋输送排料机

7月末8月初,炎热笼罩着整个小镇,所以大多数时间我们还是待在彩钢板房里,了解一些项目相关的内容。那几天看过项目的设计说明书、研究过项目的设计图纸,对于沼气项目有了更深一步的理解。例如,对于一个庞大复杂的沼气项目而言,总图、坐标图、管网线路图、单体建筑的平面图、立面图、剖面图、构造详图、楼梯间设计图、楼板设计图、钢筋混凝土布图等各种图纸都是必不可少的，对我们而言，要了解项目，就必须要花时间去慢慢研究这些图纸。

在江苏的几天里，我曾病倒过一次，病得很严重，所以公司特地给我放了假让我好好休息。好在经过休整，我的身体逐渐好转，总公司的岳姐和李经理也专门打电话过来问候，我感到非常的温暖。

简而言之，在国峰清源的这4周时间里，非常开心能够与这些在各个领域非常"牛"，但工作中又平易近人的前辈们相处，非常感谢能有这次机会来到国峰清源实习，非常高兴能够学到很多的专业知识，最后，愿自己的未来、愿国峰清源的未来都能够越来越好！

叶爽英
——中粮营养健康研究院

"在熟练的、流畅的、重复的学习和工作中找到新的支撑，才能更好地坚持完成一件相对长期的工作。"

刚刚开始实习的时候，由于对新环境的不适应，以及对新工作的迷茫，我把自己与外界的交流限定在了工作需求上，但慢慢地，生物技术中心的团队从举手投足间流露出的温暖和友善，让我倍感亲切，也使我逐渐放开自己、融入这个环境。

由于工位紧张，一开始我和同学汪明姝共用了焦琳姐的工位，后来我和汪明姝分别与叔谋老师和焦琳姐分享工位。这个安排对我来说很幸运，它极大地减弱了我在新环境中的孤独感和剥离感，而且多了一种类似伙伴的感觉。

我们的实习内容主要是分担基地导师叔谋老师的部分工作以及在实验室帮忙。经过两人的分工，工作量并不大，且通过简单学习就能上手完成。除了一些零碎的小任务，我们主要进行的工作是中心 907、918 实验室的测绘和某树脂催化反应。

与工作人员合影

测绘方面，叔谋老师对我们的要求并不是很高，反而因为我们对自己的一些刻板要求，使 CAD 绘制过程变得有些复杂。在实习之前，我们曾有过两门为期 3 周的课程设计，我在其中主要负责的部分就是绘制 CAD 图，所以工作周期长了之后不免萌生了一些偷懒的心理。俗话说"兴趣是最好的老师"，但是"师傅领进门，修行在个人"，个人的修行绝不仅仅是靠兴趣就能支撑起来的，更多的是需要不断地练习，或不断地发现自己在行为过程中的不足然后加以改进，或通过尝试发现新的优化过程来提高效率，在熟练的、流畅的、重复的学习和工作中找到新的支撑，才能更好地坚持完成一件相对长期的工作。在摒除了重复工作的疲惫，找到绘图的小技巧后，最终我在最后一天完成了两份图纸的绘制。

在实验室的工作相对来说是更加丰富而有趣的，因为实验室有更开放的环境。在工位上工作时，每个人在各自的工位上被一块块隔板隔开，而在实验室里尽管所有的实验台也是整齐排列着，大家一般也都是各自做着自己的实验，但是在连通的环境中，大家的交流更加顺畅且没有坐在工位上时那么多的顾忌，人和人之间的距离更加地近了。可见在工作中环境条件是多么重要。

一个月短暂的实习，对我来说最大的意义是我看到了在企业从事设计、实验工作的人们的一部分工作内容和工作状态，打碎了我对于工作的幻想，我可以更加实际地去考虑一些问题。十分感谢学院提供这么好的机会让我们能去到这优秀的单位，更加感谢生物技术中心的所有哥哥姐姐们在我们实习过程中提供的帮助和给予的关怀！这是我大学生涯中最有意义的一个暑假。

何 某

——北京中环膜材料科技 有限公司

"一个月的时间体验了工作的辛苦，认识到了课堂学习的不足，未来的学习要更加努力。"

在这次专业综合实践中，留下印象最深的莫过于公司的食堂和按摩椅之类的娱乐设施了，当然公司宽松且具有人文关怀的管理制度也让人不能忘怀。

公司在负一楼有一个专供写字楼员工用餐的食堂，自助、面食、盖饭等色香味俱全，应有尽有，可以满足各种挑剔的口味。大碗宽面、烧鸭饭和麻辣烫算是比较受欢迎的类型了，各种价格也都在我们学生能接受的范围内。值得一提的是，这个食堂只能使用写字楼专用的卡才能刷，意味着外来人员是不能使用的，这当然是一个好的举措，在饭点能为员工节约更多时间用于午休，下午就可以更高效地工作。

第一天来到公司，基地导师了解完我的一些基本情况后，安排我学习公司产品的一些膜设计、技术参数资料。从后面工作的内容来看，安排这个工作是非常有必要的，如果一开始就直接给我安排后面的那些工作，我是不能完成

公司食堂的面和酸菜鱼

的，即使磕磕绊绊地完成，也会存在许多问题，基地导师的安排是有合理性的。

虽然实习工作是新的领域、新的工作，但与我在学校学的一些基础理论知识还是相通的。与公司前辈交流过程中他们告诉我在大学里面所学的知识，在以后的工作中，能用上的非常少，大部分时间和工作都是在不断学习新的知识，正所谓"学无止境"。

在完成资料阅读阶段，基地导师给我安排了使用 Visio 软件进行 PSH1（内压超滤膜）、PSH2（外压超滤膜）系列超滤膜流程示意图绘制。这其中，PSH1系列超滤膜系统运行主要包括以下步骤：过滤、水反洗、排空、正洗和化学加强反洗（CEB）。当超滤膜组件污染严重时，则需进行化学清洗（CIP），不同的只是用超滤膜系统中阀门的开关状态来控制超滤膜系统的运行状态，这里不一一赘述。

在完成了 9 张 Visio 图之后，实习的日子也过去了一大半，我渐渐适应了这里的工作和生活。由不得半点喘息，导师又给我安排画内外压超滤系统 PID图——就是使用 CAD 软件做的管道和仪表流程图，这个 PID 图的工作原理和前面的运行示意图原理基本一样，我个人觉得不同的是它们的表达形式：Visio 图比较直观，可用于宣传及产品手册，而 PID 图则比较专业，比较学术，更贴近于实际的工程。在有了前面做 Visio 图的基础，我已经基本了解超滤运行的基本原理及流程了，所以 PID 图还是比较容易的。

纸上得来终觉浅，绝知此事要躬行。这一个月最大的感受莫过于这句话了，只有到实际的工作岗位上才知道社会需要什么样的人才；我们应该从工作岗位的角度怎样去提高自己等。在这次专业综合实践过程中，一方面让我的个人角色及人际关系都发生了转化——从学校里的大学生变成了未知领域里从底层学起的实习生；另一方面我也确确实实地发现了产业中存在的很多问题，这些问题是需要我们新一代年轻人共同面对，共同解决的。

最后希望公司在未来不断注入新的血液，不断创新，做中国环保企业的领头羊。

魏梦晗
——北京国科诚泰农牧设备
有限公司

"做一行，爱一行。"

　　本次实习，我有幸来到了北京国科诚泰农牧设备有限公司。实习前期主要是在公司内了解公司的主要产品及承揽业务，同时补充相关专业知识，期间还参加了养殖场老板与员工讨论的会议。从中我不仅学到了当下养殖产业的实际需求，还见识了一定的商业谈判技巧。两周后，在做好充分的准备工作后，公司把我派到了扬州大学实验站基地。

　　在实验站初期，负责指导我的崔师傅首先带我参观了整个实验站，他对实验站内部的详细规划、工作流水线以及使用设备都进行了详细的讲解，尤其是污水处理系统。结合所学的专业知识，我明白了每一个部分是如何运作的，添加什么类型的催化剂可以加速反应等。此外，日常工作中取样做实验也让我体验到了这份工作的专业程度。这期间也发生了一些小插曲，例如，设备出现故障后的维修、部分零部件的

我的办公桌

更换，以及难以解决的工程问题都让这次的实习经历变得更加弥足珍贵。此外，烈日炎炎下开挖沟渠、填埋管道，也让我体会到了这份工作的不易，向所有从事这份工作的同事们致敬！

除了学习专业知识外，生活是充满乐趣的。每天实习的师傅骑着电动车带我上下班，平时到当地小镇的小饭馆吃饭，晚上偶尔会和实验站里的其他同事小聚一番，我不知不觉有了种当包工头的感觉；有时晚上已经在休息了，但实验站那边出现问题就要连夜赶过去；晚间在宿舍与师傅闲聊，有思维的碰撞和闲谈的快乐，这些都给我留下了十分宝贵的回忆。

最后要特别感谢吴清艳、崔建杰、宗超老师在实习过程中对我提供的帮助，让我对自己的专业和未来的发展前景有了更加深刻的认识与理解，谢谢你们！

朱玉玲
——中农富通园艺有限公司技术部

"感谢机会，珍惜机会，投入往往会有收获。"

实习期间，我的主要工作是进行日光温室蓄热方案的设计与可行性探究。一开始是查找一些文献，对关于墙体、地面等蓄放热系统的资料进行整理；接着与同组指导老师、同学一起对蓄放热初步方案进行讨论，对其中一个蓄放热方案进行计算、绘制 CAD 图纸；然后与卖家沟通完成方案可行性分析并计算出成本。最终完成了一份地面蓄热方案的设计及相关的图纸。在这整个工作过程中我收获很多。

首先，一个科研成果只有实现生产力的转化才能真正实现它的价值，而中农富通园艺有限公司正是这样一个将学术成果转化成实际生产力的地方。例如，我的主要工作内容就是查找文献，了解产业前沿的一些蓄热方式，了解其蓄热原理材料、升温温度等，并针对其中一个技术做出方案，然后再与其他方案进行对比、讨论，从而形成最终方案。这几天里，我感受到中农富通园艺有限公司在成果转化这一环节里所发挥的作用。

其次，在工作中不要怕走弯路，多总结，有收获就好。这次实践过程中，实际上也遇到过一些问题。例如，在查找蓄热方式的文献时，我找到了关于相变材料用于墙体、管道、苗床的蓄热方式，方法是可行的。但是与前辈讨论时了解到，目前需要该技术的项目，其栽培床实际离地面的间距很小，文献上的技术都不适用。这次的经验，使我深刻意识到在着手一个项目时，一定要先对项目进行全面、细致的了解，才有可能不出现大的差错。

最重要的是，通过这次实习，不仅让我了解了园艺公司的工作内容、工作状态，也解答了我一直以来对未来工作的疑惑，坚定了我未来的发展方向。在工作中，我还认识了很多优秀的前辈，特别感谢中农富通园艺有限公司的王朝栋和王亚静两位指导老师，他们既有让我

公司大楼

钦佩的深厚的专业知识储备，又有认真严谨的工作态度，他们给予了我很多的指导与帮助。

在工作中，令我惊喜的是前辈们在设计温室时的思考方式与学校所学类似，并且参考了上课用的课本，我感受到了学有所用，这加强了我学习专业基础的动力。

最后，通过学习，我了解到温室建造其实是一门深奥的学问，还有很多课本上以及实践中需要自己进一步学习甚至研究的东西，远远不止在学校课本上所学习的内容。例如，不同地区日光温室的墙厚该如何进行差别性设计，以减少建设成本；温室如何有效开窗，保证温室内流速、通风效果的同时，能够不产生积水等问题，这些都是作为未来希望从事这个行业的我需要认真学习和思考的。希望自己能够不断夯实相关知识，未来能够完全胜任这个领域的工作。

刘天明
——北京汉通建筑规划设计顾问有限公司

"技能的训练与视野的开拓同样重要。"

美丽乡村的现代农业

本次毕业实习的单位是北京汉通建筑规划设计顾问有限公司，并且我有幸加入到美丽乡村规划的团队当中。这次实习作为本科学习重要的一课，我逐渐掌握了怎样把学校教给我的理论知识恰当地运用到实际工作中，真正地接触社会，渐渐地融入社会，实现我迈向社会独立成长的第一步。

实习这段时间多是在做绘图方面的工作。在绘图方面，我深刻体会到了熟悉规范的重要性，不然就会导致后面的施工图难以进行。真正的施工详图比较复杂，有许多规范我都不了解，所以在工作初期我感到很沮丧，因此需要更虚心地学习，查看更多的资料。实习过程中我发现，设计需要太多的东西，学校所学到的远远不够，特别是一些设计规范，因此实习初期搞清楚这部分内容就花了很多时间。画图规范的问题解决了，但是经过一段时间我又发现了新的问题：就是自己所设计的有些做法不符合实际，无法实现。学习解决问题，就是成长。在实习过程中，同事们给了我莫大的帮助，也教会了我很多绘图小技巧。

感谢公司各位前辈给予我学习的机会，让我参与他们的设计项目，使我了解了许多将来从事设计工作要面对的问题。总结实习成果：一是丰富了我在设计方面的知识，使我向更深层次迈进了一步；二是我认识到，要想做好设计工作，仅目前所学到的知识、技能是远远不够的，还需要我在未来的学习和工作中不断探索与积累。我坚信，这一段时间的实习经历给我带来的实践经验，将使我受益终生，并在我未来的实际工作中不断得到印证。

曹宝龙

——博天环境集团股份有限公司

"解决每个错误都是学习效果的体现，也是学习的重要环节。"

7月8日到8月16日，我在博天环境集团股份有限公司实习。具体的实习地点有3个，分别是北京市东城区中粮置地广场、北京市密云区中环膜研发生产基地和山东省威海市热电集团。实习内容分别为查阅整理资料和膜样本，学习认识工程安装图纸；膜性能相关参数实验检测；膜运行现场产水水样SDI值的检测，数据记录处理与反馈，撰写实验报告。其中主要时间是在山东威海热电集团实习，主要工作是在热电集团的膜车间做不同类型膜产水水样SDI值的检测及相关工作。

之前的学习中，对超滤等这些方面的知识接触甚少，所以开始接触水处理这方面的工作对我自己来说算是一个新的了解和认识。由最开始的查阅资料，了解理论知识，到后面的实践检测，都是一个学习和认知的过程。在这期间，随着对检测操作逐渐熟练和深入理解，我也一步步地积累了经验，慢慢地提高了效率。感受深刻的是，在每一步中，都必须具有不怕出错的精神，因为出现错误才会更认真地去思考问题，加深理解，每个错误的解决都是学习效果的体现，也是学习的重要环节。仅仅一个水样测试实验，要想所测得的数据科学、稳定，就必须全面考虑所有可能的影响因素，并且操作的时候还要细心，将不确定因素的影响降到最低，只有这样，才能比较准确、有效地完成数据测试，否则，大到操作失误，小到扬起的粉尘落入水中，都会严重影响水质的检测。所以，做事不管大事小事，都得细心对待、周全考虑，绝不能因为小事就粗心大意，往往被忽略的细小误差，很可能就会导致最致命的结果。

从实习工作的开始到结束，基地导师一路相伴，对我这个新手不厌其烦地一路指导一路照顾，公司领导也一直非常关心我的实习进展和状况。从理论和实践两个方面进行安排，让我学到了很多；虽然以前上课并没有接触过相关的知识内容，但一个月的实习经历，我渐渐对水处理产生了一定的兴趣。虽然只有短短6周的实习时间，实习过程又苦又累，但在博天环境集团和中环膜研发生产基地的所见所闻所学让我受益匪浅。我被公司前辈们严谨的工作精神所感染，佩服他们广博的知识面，也认识到在社会工作和在学校学习的不同之处。在学校学习大多是给自己长知识、学技术，而在社会工作时，得时刻记得责任，自己的工作可能会影响公司和社会的发展，自己的工作质量，影响的可能就是一系列相关的人和事，所做的每一件事都得考虑对自己背后的人、事以及社会团体的影响，这是自己的担当和责任。

最后，感谢博天环境集团和中环膜研发生产基地的领导、基地导师和前辈们的指导及关照，感谢学院、感谢老师们的关心和指导，感谢学校和博天环境集团提供的学习平台。

中环膜研发生产基地和导师合影

实习基地现场产品性能检测

汪明姝
——中粮营养健康研究院

"在一个企业里，并不是掌握了相关知识就能做好自己的工作。"

2019 年的暑假，我在中粮营养健康研究院实习了一个月。回望这次学习经历，我感慨良多。实习生活比我想象中更美好，我在对实习的喜爱与不舍和对回家的期望中度过了 24 天的快乐时光。

会议讨论场景

首先，研究院的工作环境相当令人满意。我们所在的生物技术中心在 9 层，办公区域十分整洁，随处可见清新可爱的绿植；楼层中间有微波炉、咖啡机、开水机等；实验室实行"6S"管理制度，整洁高效；食堂的早餐与午餐为自助式，菜品丰富，讲究营养的均衡搭配，美味清淡；食堂楼上有健身房、羽毛球场、篮球场、台球桌……这些都给当时第一次实际接触"公司"概念的我留下了深刻的印象。

实习的工作内容也比我想象中丰富多彩许多。在这短短的一个月里，我和叶爽英一起用 CAD 绘制了两个实验室的设备布置示意图，也通过绘图了解了一些工厂里的现代化设备长什么样子。除了量尺寸之外，我在实验室里还帮忙做了一些辅助工作，如在一个制备阿洛酮糖的实验中配制原料液、给液体样本做 pH 值和电导率值的检测等。此外，我还翻译了一本精炼糖手册的某些章节，协助我的带教导师开展了一个小型的夏令营教学活动。这些工作内容让我的每一天实习都过得充实而快乐。

除此之外，最让我印象深刻的是前辈们给予我们的温暖照顾。说是前辈，其实他们基本都只是比我大几岁的哥哥姐姐而已。叔谋导师总希望给我们安排的工作能在比较轻松有趣的前提下锻炼我们的能力，也一直尊重我们的意愿来安排，所以我们一直都很感激他。晨晨姐温柔善良大方可爱，像我的亲姐姐一样。实习的第二天她还给我带了一大堆零食，让我相当感动。焦琳姐和吕哲姐像我自己学校

原料液

实验室里的学姐，她耐心地指导我，带着我一起做实验。解琛姐非常温柔，脸上永远都是温柔又亲切的笑容，她耐心解答我的任何问题。芳姐是一个活泼单纯又热忱的年轻姐姐，教会了我一种比较复杂的设备的使用方法。这几份友谊是我的意外收获，我觉得自己很幸运，也很感恩。这是我第一次接触到工作了的年轻人群体，他们让我知道了初入社会工作几年的状态是怎样的，同事之间的相处模式大概是怎样的，让我对以后的工作有了一份踏实与期待。

回想起来，我的实习心得主要有以下两点。

一是在实践中应用理论知识时，或许会遇到一些书本上没有提到的问题，这时候往往就需要灵活的思维来探究出解决问题的办法。我们在一开始绘制实验室的设备布置示意图时，总是想尽办法测量出尽可能多的数据以供验算，结果却因为测试方法的问题总是无法得到有效数据。最后我们根据经验，学会了如何有取舍、有规划地对数据进行测量，从而提高了效率。

二是在一个企业里，并不是掌握了相关知识就能做好自己的工作。掌握相关知识是做好工作的基础，除此之外，还需要有认真高效完成工作的态度，需要平衡好自己的工作与生活，需要和同事一起营造良好的交流氛围与工作氛围，需要让自身可持续地发展。

再次回忆起这段实习生活，它依然在我的记忆里熠熠生辉。感谢它教会我的一切。

周诗杭
——中元牧业有限公司

"很多时候咬咬牙，总能挺过去。"

初入实习基地

拟定这个标题，并不是想表示我的实习过程有多么困难痛苦，其实，在位于河北新乐市木村乡的中元牧业基地实习的 4 周，我过得很充实，也较为轻松。因为可以暂时卸下学业负担，不去面对即将大四毕业的压力，转而全身心地投入到这次实习中来。

我在中元牧场的实习内容可以简单地分为认知参观与实践劳动。前期实习阶段我基本上是到牧场的各个功能建设分区去参观学习，通过这个阶段的实习我对沼气处理粪污的工艺、挤奶工艺设备及不同类型的牛舍建筑构造都有了更加全面深入的了解，也借此进一步巩固了我在学校所学的相关知识。

令我真正产生疲累感觉的是在牧场的实践劳动环节。在这个酷暑难当的季节，有时需要付出一定的体力劳动，可能是在厌氧发酵罐周围清除杂草，可能是在配电室附近挖坑埋电缆，也有可能是在垫料仓库或牛舍里处理牛床垫料。总之，我在这里就像是真正的牧场员工，为牧场里各个环节能有条不紊地进行而忙活。

在这以前我几乎从没做过类似的体力活儿，加上天气炎热，高温难耐，每天劳动时我都是满头大汗、浑身湿透，毫不夸张地说，衣服回回都能拧出水来。记得那是我初次处理牛床垫料的第一天，也是整个实习生活里我觉得最难熬的一天。我先是被带到了囤积垫料的仓库，学着其他的工作人员拿着小刀，依次划开一袋袋的麻袋，将里面的稻壳倾倒出来，再用铲车运送到各个牛舍。又或者直接把未开封的垫料运送到牛舍里，每一栏牛床倒5袋垫料，接着用工具将其刨平刨匀。这一工作说来并不复杂，却着实累人。每一袋的垫料重量都不算轻，倒出来的稻壳也特别容易飘进裤脚里，扎得人直痒痒。工作间歇我脱下手套，望着又黑又脏的双手，有气无力地抬抬酸痛的手臂，真是有种欲哭无泪的感觉。然而看看周围其他的工作人员，

工作剪影

原料库

谁又不是一边汗流浃背一边还坚持劳动呢？我深吸一口气，咬咬牙，再不管身上的疲劳酸痛，继续投入到工作中去。虽然汗水依然止不住，两只胳膊也越来越使不上力气，但我还是努力挺到了最后。那天的工作结束后，我拖着无比疲惫的身子走在下班的路上，吹着傍晚的凉风，望着天边的夕阳，心里产生了从未有过的充实感。努力工作后的状态，不是就应如此吗？

这次实习教会了我很多东西，都是课堂上难以学到的。但令我印象最深刻的，就是通过这次实习工作与劳动，我更加体会到了工作以及生活中有些难关是

我们必须要去面对的，即使过程会很辛苦，但那不是我们放弃的理由。很多时候咬咬牙，总能挺过去。正像诗人拜伦说过的那样，无论头上是怎样的天空，我们都要准备好承受任何风暴。当我们挺过人生中一道道难关后就会发现，受过的那些苦，也照亮了我们人生的路。

中元牧场黄昏景色

杨梓桐
——北京国科诚泰农牧设备有限公司

"想要赚钱可以，君子爱财，取之有道。"

在此想和大家分享我在实习过程中印象最深刻的一件事，在实习报告中也有提及，就是建议对工程负责人查账这件事情。就结果来看，问题层出不穷，本来我和范哥过去是进行调试，但是调试前后都有很多不应该出现的问题，归根结底还是因为当时监督工程队干活儿的时候根本不认真。我曾听范哥跟我讲过，这个人干活儿出现过类似的事情，满脑子只想着捞钱。当时建设这个项目期间范哥来过两次，时隔一个月，结果两次基本都没有进度。也就是说，一直拖着，反正没有到截至日期也没关系，那个负责人自己还经常不在现场，没人监管，偷懒、怠工自然不可避免。再者，当时是秋冬时节，也没有我过去那会儿条件那么艰苦，但凡拿出我们当时一半的努力，主动给施工人员提出建设要求，哪能会是现在这样？我跟范哥的工作都快跟整改差不多了。还是那句话，工人让干什么他都会，就怕你负责人糊弄，不给人家提要求，谁又想干那么多干那么细，草草了事给你完工就不错了。而且听说他之前负责的几个项目也跟这个相似，本来公司打算直接不让他干了，但是吴姐相信他能悔改，于是向领导请示，又给了他一次机会，也就是湖北麻城的这个项目，但是没想到他仍然没有好好干，只想捞钱，报销单上报销的物品和实际相比，不管是从种类数量还是从规模上，都相差甚远，听说报销的单子也是后来补的，这不是胡乱补吗？而且我还在对账时发现，竟然有3份重复的报销单在里面充数，连单号都没有变，这下也没办法了，只能请他离开。

一个人最重要的并不是有多聪明，而是他在社会上的形象，当他不再被人信任，人品遭受质疑，名誉尽失的时候，他已经无法在社会上立足了，那个负责人就是一个鲜活的例子。也许他自始至终都没有意识到自己的问题，所以公司给了他最后一次机会，他还是没能改悔、依然如故；也许在失去最后机会的时候，有所醒悟，但为时已晚。

经历这个事情，我也算是长了见识，并且深刻意识到对于一个人来说，最重要的是什么。想要赚钱可以，君子爱财，取之有道。

在实习单位临别合影

杨 敏
——北京中农富通园艺有限公司

"除了心灵的平静和充实，这里的实习更让我看到我国设施农业和观光农业未来的大好形势。"

在园区工作学习的 4 周时间，我对园区的工作有了一定的了解，尤其是对作为园区重要组成部分的观光农业有了较多的体会和认识。初到园区的几天，我参观了北区创意栽培连栋温室，接触和了解了诸多观光农业的相关知识。观光农业是园区的主要特色和重要组成部分，其中的亮点和内涵十分值得研究与探索。北区创意栽培温室是园区内构造技术最先进的温室之一。它采用双层天窗遮阳网、双层保温、湿帘风机系统，实现了对温室温、光环境的高效调控。

温室里各种创意栽培的方法引起了我的兴趣，其中主要有以下 4 种。

（1）以各种形态架子为特征的创意植物盆栽，如长满尖刺指腹大小的刺猬西瓜、状如海胆的小可爱多黄瓜、形状独特的"麦克风"，以及茄果类的茄子、番茄，因为各自生长特点的不同和观赏价值的需要，所使用的架子

园区中的温室

温室内部

也各不相同。经过负责人的指导，我也构思出了几种创新型的盆栽架子。

（2）极具观赏价值的树式栽培技术。树式栽培与架子栽培有类似之处，但技术要求更高。

（3）大小"超乎寻常"的超级蔬菜。有两三百斤（1斤=500克）的南瓜、长达3米的丝瓜，"放大版"的牛蒡、苤蓝、胡萝卜。经了解，这类蔬菜本身营养成分与普通蔬菜区别并不大，由于其特殊的外观而具备了很高的观赏价值。经过科学的养护，其保鲜期可以延长到几年。而我的工作重心之一便是查找国内外超级蔬菜发展历史、技术和现状。

（4）不同种植物的嫁接栽培。如通过嫁接使马铃薯和茄子长在一棵藤上。但由于植物本身存在竞争关系，生长势头强弱有所区分，我认为如何合理调控以实现二者"齐头并进"可以作为下一阶段不同类植物嫁接的研究方向之一。

在工作方面，我整理出一份以巨型南瓜为代表的超级蔬菜国内外发展现状及现今栽培技术和研究成果的综述。综述的撰写过程并不容易，目前超级蔬菜在国内的相关应用虽不罕见，但成体系的研究成果相对匮乏。在最初的文献搜集过程中我屡次碰壁，并无多少收获。经过数日的困顿之后我转变搜索方向，放弃以"超级蔬菜"这样范围较广的关键词为对象进行搜索，转而具体到超长丝瓜、超大南瓜这样具体的品种。令人大喜过望的是，转变思路后果然卓有成效。南瓜因其种植范围广、生长能力强，是超级蔬菜领域最具发展潜力的蔬菜种类之一，再加上西方万圣节制作南瓜灯的传统，巨型南瓜的种植由来已久。按照这样的方向，我开始查找国际上南瓜大赛的相关资料。我了解到，欧美不少国家都会举办南瓜大赛，甚至通过锦标赛的形式角逐出体型最大的南瓜。这样的竞赛也使得欧美各国巨型南瓜种植技术进一步发展。在外文文献的查找过程中，我惊喜地发现了一篇研究巨型南瓜质量和形状之间关系的文章，文章使用非线性力学的分析方法，对巨型南瓜的尺寸、质量、破坏力之间的关系进行研究，并给出了预测巨型南瓜极限质量和最终形状的数学模型。有这些资料为基础，综述的内容逐渐丰富起来。

在一个月的实习中，我还与同组的孙骥完成了北区一个创意栽培冷棚所有盆栽的修剪工作，并总结撰写出《观赏性藤蔓类栽培架植物盆栽管理办法》。修剪看似简单，实际则是颇有技巧的工作，我们向工人阿姨学习了一个小时，在了解了基本方法以后，才开始自己摸索和学习。修剪过程中遇到了许多需要克服的困难。首先，棚里白天温度较高，上午9时就可达到40℃左右，所以我们选择在早上6点前往棚室进行修剪；其次，由于盆栽授粉的需要，冷棚里放置了一个蜂箱，"全方位立体环绕"的蜜蜂对我和孙骥的心理造成了比较沉重的压力与恐慌；再次，由于缺乏经验，我们在最初修剪的过程中常常无从下手，多次出现剪错位置导致误剪果实、伤害主蔓等不良后果。但经过数日的尝试和摸索，我们基本掌握了修剪的诀窍，并能做到在有蜜蜂嗡嗡的环境中从容修剪。在藤蔓类植物盆栽的修剪中，一方面要考虑其生长特性，将对植株营养分配不利的、对植株意义不大的、健康状况较差的枝叶剪去；另一方面还要考虑整体的美观和均衡，对其外观进行整理和塑造。修剪的过程与人类的理发极为相似，既要剪短以满足舒适的需求，又要力求造型美观。

4周的实习生活中，我像一个职场新人一样，按时上下班、与同事们一起工作，感受职场氛围，承担工作的责任。这一个月，有在工作时间大开眼界、全情投入的时刻，也有闲暇之余、放松悠闲的时光。4周，28天，本以为远离了吵闹的市区，取而代之的会是不适应、不习惯，没想到却很快适应了园区里安静又闲适的生活状态和紧张又悠然的工作氛围。来到富通基地的我是幸运的，能走到现代化农业工作的第一线，真正深刻又真实地了解现代化农业的工作模式。纸上得来终觉浅，绝知此事要躬行。如果没有真正地走进温室，亲手摘下番茄、修剪枝叶，我不会发现原来简单的工作也需要诸多技巧和经验，也需要平心静气地认真完成；如果不是真正亲耳听到、看见办公室各位哥哥姐姐的工作内容，我不会知道作为农业工作者的艰辛和责任。

清早鸟儿的啁啾，正午的蝉鸣，宿舍门前的木质走廊和茂密花丛，出行助手双人自行车，简单又健康的午餐晚餐，都成为珍贵的回忆。

这里离市区算不上近，出行不便，也没有路灯，但却有使人沉淀内心、安定放松的力量。远离了五光十色的热闹生活，与鸟叫、蝉鸣毗邻而居，才更有精力放在身边近在咫尺的人和事上，更能集中精神，心无旁骛地工作和研究。为完成修剪早上 6 点起床去冷棚，看到修剪的成果内心自豪满满。在这里也更能放下手机，和周围的伙伴交心，发现彼此的美好和有趣。来这里一起实习的 5 个人，每天一起工作、学习、就餐，下班后在观光车上谈天、一起骑车去潮白河边散心、围着宿舍里的一张小桌子学习，这些都将成为本科阶段乃至将来很长一段时间内珍贵无比的回忆。在这 4 周的时间里，我感觉到双脚更加贴近地面，朋友间心的距离更加靠近。

除了心灵的平静和充实，这里的实习更让我看到我国设施农业和观光农业未来的大好形势。把高新技术和创新的热情投入到农业领域以后，农业生产的回报无疑是丰厚的。我们的农业、我们的农业企业，正以高昂饱满的姿态面对市场和国家越来越高的要求及标准。这是农建人施展拳脚的大好时机，我们当义不容辞。

李玉双

——中农金旺农业工程技术有限公司

"仿佛一艘在海里漂浮的小船，突然找到了灯塔，于是就朝着它前行。"

在中农金旺农业工程技术有限公司实习的一个月时间，虽短，但收获良多。通过参与实际项目，我学到了应有的思维方式、应该养成的好习惯，并掌握了不少画图技巧。最为重要的是在实习过程中，我遇上了山东临沂朱家林田园综合体这个项目，仔细了解了它的来龙去脉，从而对自己的专业和方向有了更深刻的认识。

山东临沂朱家林田园综合体项目是目前山东首个、也是唯一一个国家级田园综合体建设试点项目。政府搭建服务平台、完善基础设施、出台扶持政策，广泛吸引了众多社会资本、新型农业经营主体等多方参与，同步辐射带动村民就业和贫困农户增收，是该省各级农业综合开发部门着力打造的产业融合发展示范园区。

为什么选择朱家林项目作为试点？并不是说它的自然环境条件有多么优越，而是它具有典型代表性，它很好地体现了大部分山东农村的状况，所以，朱家林的成功是可以复制推行到山东其他村庄的。

在我看来，朱家林项目之所以能这么成功，其最大的亮点是当大部分田园综合体偏向于推翻重建时，它的重点却放在了改造上，不搬走一人一户，不破坏一草一木，完整保留山区乡村的原始风貌，艺术化改造衰败破落的老村子，让整个村落"靓起来"，重新焕发生机，实现自然永续、建设永续、人文永续、经济永续，并且让老百姓真正地参与到整个乡村的建设中，真正实现了共建共享。

开会讨论方案

　　我还查找了朱家林项目总设计师宋娜的个人事迹，了解了她的心路历程。她是一个有着浓厚乡土情节的人，因此在朱家林项目建设完成之后，她并没有选择离开，而是扎根在此，继续跟进该村的发展，保证它的持续兴旺。通过朱家林项目前前后后的故事，我联想到了爷爷家的小岛，同样在开发建设，但是他们采取的是将道路硬化，散户集中，将木质小屋推翻，建成水泥房，很大程度上使乡村丧失了原有面貌，整个村庄变得非常陌生。而朱家林项目让我看到了乡村发展和保存原始面貌是可以互相很好地协调配合，这让我对未来目标更加清晰。我是不是也可以做这样的事情，回到家乡，帮助家乡更好地发展建设？！这个认知的出现让我感触颇深。小时候常有人问我，长大以后想干什么。其实一直以来我并没有明确的目标，不知道要往哪里走，然而这次的偶然接触，就仿佛一艘在海里漂浮的小船，突然找到了灯塔，于是就朝着它前行。

李雨浓
——中国人民对外友好协会

"青春不留白。"

还记得实习刚过 3 周，有一次中午吃饭的时候，牟姐说："你看，你穿的衣服和食堂天花板的涂鸦好搭呀。"不知怎地，突然我就心头一紧，酸酸的涩涩的……"

虽然之前我做过不少学生工作，但毕竟还是久居象牙塔的学生，总觉得自己社会经验不足，有着惯属于年轻人的毛躁。7 月初，当得知自己通过"扬帆计划"的选拔后，心情被紧张与激动占据了好久。毕竟能够走进中央部委和国家机关是非常令人自豪的。

从 7 月 15 日开始，我进入中国人民对外友好协会（下文简称友协）办公厅礼宾处正式开始为期一个月的实习生活。同事们工作踏实严谨，待人友好亲切，我身处其中，备受感染。潇潇姐（礼宾处处长）说过的一句话让我印象深刻，她说，我们的工作要润物细无声，如果参加活动的领导、外宾没有感受到我们的存在，活动能顺利而流畅地进行，那就是我们最大的成功。礼宾无小事，桌签打印后，摆放前、摆放后均要仔细检查两遍，黑色边框如有残留需用剪刀细心修剪掉等这样的例子还有很多。一丝不苟的工作态度并没有造成压抑的工作氛围，大概是人的可爱让这里的生活充满世间的烟火味。芳姐微笑时眼里的温柔如水般明媚清澈。点点滴滴的善意与感动我看在眼、记于心。

作为一名学生党支部的支部书记，我对党建工作有了新的认识与思考。在友协，我多次参加"不忘初心、牢记使命"系列活动。党支部的专题学习研讨系统

组织招待会现场

而深入，同志们也能够结合自身的工作生活实际谈体会和感受；全会主题教育先进典型事迹报告会上，通过重温老一辈友协人爱国敢担当的事迹，启发同志们不计较个人得失，将党和国家的利益放于前，爱岗敬业；李小林会长给全会同志讲党课，既讲理论，也讲实践，既涉及宏观政策，也把握会内工作情况，既客观地分析问题和矛盾，也提出相应的解决办法和期待。对比之下，我认为我们学生党支部的党建工作尤其是理论学习，可以更加深入和系统，同学们对待理论学习的态度也应该更加严肃和认真。只有对党的新理论新知识学透、悟透，工作才能找准方向，思想政治才能同党中央保持一致。

"洞庭波涌连天雪，长岛人歌动地诗。我欲因之梦寥廓，芙蓉国里尽朝晖。"我必将这份宝贵的记忆永存，也必将在未来所站的地方散发自己的光与热——青春不留白！

李正浩

——唐山盈和瑞环保设备有限公司

"对农建专业的职业规划有了更深入的了解。"

我们一行4人，在唐山盈和瑞生产基地待了4周，期间我们的工作任务在不断变化。对我而言，经历了初识公司、财务工作、一线操作和绘图共4类工作。

初识公司　主要是到达公司的前两天。在那两天主要就是将自己的住宿环境安排一下，顺带熟悉一下公司的工作习惯、地形布置等事务。

财务工作　在稍微熟悉公司概况后，我们都被安排财务工作。发票整理类的工作很琐碎，但我们4人普遍对相关电脑软件的掌握程度较高，工作效率较高。这一任务大概进行了1周。

一线操作　这个阶段主要是我的任务，因为我是4人中唯一的男生。基本上我在膜车间工作了1周，对于相关的工艺流程及实际操作步骤熟悉了一点，对所用膜材料的相关知识也有了更多认识。接着就是在机加工车间工作了三四天，在前辈的指导下，对整个生产线的工艺流程以及具体每一工艺流程的内容有了更深的了解。

绘图　绘图阶段占据了最后的一周半。我主要是在所工作的搪瓷车间、机加工车间以及膜车间进行CAD软件绘制。在这期间我的CAD技能得到了极大的提高。

至于收获，于我而言有两方面。

一方面，极大地增进了同学间的情谊。虽然之前也是同学，但相互了解并不深。此次实习使我们大大加深了彼此的了解，也在4周朝夕相处的时间里，共享一些独特的经历。虽然这可能只是实习的"副产品",但我由衷认为这是这次实习最大的收获。

　　另一方面,对于农建专业的职业规划有了更深入的了解。盈和瑞公司是厌氧发酵罐设计及安装的领军企业,与我们专业有着极高的契合度,也有着较长时间的合作关系。相信在新能源不断发展,新农村不断建设的的未来,农建学子一定能在这一领域有所作为。

李慧玲
——唐山盈和瑞环保设备有限公司

"更深刻地明白了责任的意义，学到了很多学习之外的事。"

在结束了大三的课程之后，终于迎来了期待已久的毕业实习。2019年7月8日，我们动身前往实习公司——唐山盈和瑞环保设备有限公司。到达实习公司后，负责人帮我们安排好了行李和住宿，接着谢工带着我们前往各车间参观接触实际生产、接触产品和产品线，切实了解实际生产。参观完后，沙工也为我们讲解了整个工艺流程、生产技术以及设计思路，这让我对这个公司有了更大的兴趣。

在实习期间，负责人先为我们安排了资料整理工作，包括入库单的整理归档、入库单电子文件的建立以及校对并录入合同。接下来，我们辅助财务部完成了部分工作，主要工作就是对账，也就是在之前工作的基础上，进行各单据的核对。在经过胡主管的指导后，我的工作效率有了明显的提高。这两周的工作简单且烦琐，让我明白工作不是随时都充满激情的，但同时我也认识到，我所做的工作并不是毫无意义的。这项工作锻炼了我的工作能力，改变了我的思考方式，让我认识到了自己在工作方面的缺点，学会了在工作中如何调整心态。

在完成财务部的工作后，我们进入设计部开始新的学习和工作，而我的第一项工作就是利用《蓝光五金手册》，根据各种机加工配件的型号和材质查找对应的单位重量。在这个工作中，我了解了各配件的模样和作用，明白了符号的意义，知道了配件的规格，这些配件不再是口头的称呼，而是更直观地展现在了我的眼前。在完成这项工作后，我们学习了发酵罐体的设计和安装。在初步了解

了厌氧发酵罐的一些基本原理和种类以及公司目前采用的技术后，我们主要练习描摹了膜顶搪瓷拼装罐罐体以及搪瓷顶厌氧发酵罐两套图纸。经过描摹，我们更

厌氧发酵罐内外部

加理解了 UASB 发酵罐的内部结构和发酵原理，了解到了每一处设计的作用和思路，也对搪瓷钢板拼装罐这个产业有了一定了解。

实习是把学到的理论知识应用到实践中的一次尝试，不仅让我对理论知识有了更深的理解，也让我对以后的工作有了更全面的认识和更多的看法，更深刻地明白了责任的意义，学到了很多学习之外的事。同时，这次的实习，也让我明白在工作中一定要严谨且富有责任心。不论一项工作有多么简单或者烦琐，我们都要严谨、认真负责，不仅要对自己的岗位负责，也要对自己办理的业务负责。这次的经历让我拥有了宝贵的实习经验，我想这将是我即将踏入社会走向工作岗位的一笔不可估量的财富，也是我人生中一段珍贵的经历。

王月瑶
——生态环境部环境发展中心

"一个月的实习时光，既开阔了视野，又增长了见识，还提升了能力，这段经历我将铭记于心。"

暑假期间，我有幸与肖润国、莫尧和赵娜3位同学一起，进入生态环境部环境发展中心实习，回想这短暂的实习时光，有点枯燥、有点乏味，也有点不凡、有点不舍。总体来说，我学到了许多在大学里学不到的课外知识，也包括我本人所学专业以外的知识，可以说是收获颇丰。

初入基地合影

我起初认为事业单位或政府部门的工作是极为轻松简单的，就只是每天按时上班下班，坐在办公室里喝喝茶、看看报纸，最多是开开会、写写报告而已。但是在实际参与到农村环保研究室的工作中后，我才认识到，事业单位的工作生活也是非常繁忙的，可能一整天都要坐在电脑前不停地打字，有时还可能要加班加点工作，同时还有众多极为重要的工作，需要各

工位场景

种过硬的专业能力才能胜任。这 3 周除了会务工作外，我几乎都是在电脑前完成所有工作，如文件的打印、复印，文档输入与编辑，以及资料的整理与汇总，我使用各类办公软件及办公设备的能力也得到了强化。

在本次的实习中，我浏览次数最多的网站非知网和万方莫属了，因为需要查阅大量有关韩国农村环境保护的资料，但是，查阅文献的过程可以说非常坎坷。因为之前没有系统接受过文献检索的相关训练，我只会根据主题进行搜索，这样只能检索到标题中有相关字段的，但往往很多文献并不会直接用主题命名。为了查到更多的文献我只能从已有文献的参考文献中寻找，局限性非常大，可见提高文献检索能力的重要性。

文献检索只是一个方面，还有另一个方面我也存在明显的不足，那就是处理大量信息的能力。我需要从文献中提取有用的内容整理成具有一定逻辑性的文档，但是有很大一部分我是直接将段落复制粘贴了下来，对内容的总结归纳能力有待提高。另外，文献量大且内容存在较多重复，我只能将有相近内容的文献进行对比，选择一个较为合适的表达，但这是现在文献数量还在我能接受的范围内，如果以后文献数量增加几倍，那用这种方法就非常吃力了，所以要加强锻炼信息处理能力。

任何工作都应该认真细致，尤其是文职工作，这个岗位需要与文字打交道，经常要编辑大篇幅的文档，中间免不了出现错字、错词以及表述不当等问题，虽然放在整篇文章里可能不值得一提，但如果需要根据具体内容制定方针、政策及制定计划等，那么任何一点细小的错误都会影响到最终的结果。

另外，在进行汇总工作时需要面对大量的文字与数字，以"项目审查会"为例，有 26 个省份共 400 多个项目参评，我们需要负责汇总最后各省各种不同分类方式的项目数量汇总。第一次给我们的原始表格没有统一内容，有一些省份的表格里缺少需要的内容或者写得模棱两可，这就大大增加了我们工作的难度。而且，由于数量较多，即使我认为自己已经很仔细了还是会出现差错，导致我从头开始就一点一点地核对好几遍才能把数据上交。但是，尽管这样，第二次让我们核对信息的时候，我还是发现了一个很明显的错误，所以说工作不能一味地求快，要摆正态度、脚踏实地才能做得更好。

本次实习，我认识到加强英语学习的重要性，虽然平时工作中不需要说英语，但是在查阅文献的时候免不了外文文献的阅读。我对英语还处于会而不精的阶段，再加上对于专业英语不熟悉，看外文文献有些吃力，需要借助各种翻译软件才能明白大概的意思，这样既费时又费力，还不得要领。所以，在以后的学习中我要通过增加词汇量和扩大阅读面来提高自己的英语水平，使自己的优势更加突出。

我还应该加强沟通能力。通过实习我发现，专业知识固然重要，但良好的沟通能力是让别人发现自己能力的前提。对于文职来说，沟通能力更是包括了一个人从穿衣打扮到言谈举止等一切行为的能力。要加强与同事之间的沟通与交流，虚心向前辈们求教。在工作中常与前辈们聊聊天，不仅可以放松一下神经，还可以学到不少工作领域以外的事情。提高沟通能力，也一定会在我以后找工作的过程中起到事半功倍的作用。

之前一直听老师们说"在大学里学的不是知识，而是自学的能力"，这次实习后才深刻体会到这句话的含义。刚刚来到单位，除了计算机操作外，课本上学的理论知识实际能够用到的很少，很多东西都不懂，幸好有办公室各位姐姐们的耐心帮助，让我各方面的能力都有所提升。

实习是每一个大学生必须拥有的一段经历，它使我们在实践中了解社会、在实践中巩固知识；实习又是对每一位大学毕业生专业知识的一种检验，它让我们学到了很多在课堂上根本就学不到的知识，既开阔了视野，又增长了见识，为我们以后进一步走向社会打下坚实的基础，也是我们走向工作岗位的第一步。

肖润国
——生态环境部环境发展中心

"当我在实习中进入专心致志、活在当下的状态，感受最真切和最细微的欢喜时，我想这就是小确幸带给我的快乐和愉悦。"

大三暑假参加综合实习，是对我们 3 年来专业知识的检验和巩固，它使我们在实践中了解社会、在实践中巩固知识。我很荣幸有机会来到生态环境部环境发展中心实习。虽然只有一个月实习时间，但我收获颇丰。通过实习，进一步拓宽了我的视野，增长了见识，我学到了很多在课堂上根本就学不到的知识。实习也帮助我更有针对性地继续研究生学习，以提高自己的实践能力和综合素质。

从 7 月 8 日到 8 月 9 日，在为期一个月的实习中，我是在环境管理咨询室工作。咨询室主要开展对政府和企业的环境技术咨询服务工作，同时承担为生态环境部环境管理工作提供技术支撑等职责。这是我第一次正式与社会接轨踏上工作岗位，全面接触环境评估报告业务，从处理大气、废水等原始数据，参与撰写文字分析、CAD 画图标注，到最后成本归档整理，开始与学校完全不一样的生活。实习结束回到学校，回想起实习的那段日子，心里还是有诸多感触。

初到单位，半是懵懂半是新鲜。

第一次到单位去是 7 月 8 日，我跟王月瑶、赵娜和莫尧 3 个同学一起到生态环境部环境发展中心报到，农村室的校外指导老师于奇姐很热情地接待了我们。因为是第一次实习，不认识同事也不熟悉工作，我们几个都不敢多说话，虽然有心理准备，但还是不可避免地紧张。于奇姐向我们介绍了单位的基本情况和主要工作内容，并对我们说："不用担心，我也是毕业不久，在单位算比较年轻的员工。但愿我们没有代沟，以后有不好意思问前辈的问题，就和我说，我尽量帮你们。"听了她的话，我们都笑了，感受到单位前辈们的温暖和平和，气氛一下子变得轻松起来。

实习手续办得很顺利，我听从单位安排，跟着李冬姐在环境管理咨询室工作，负责文书编辑整理工作。令我忐忑的是，我和另外3个同学不在同一个科室，工作没有交集，感觉没了照应心里不太踏实。但是同一个办公室的哥哥姐姐也是非常平易近人，主动带我去餐厅吃饭，帮我刷公务卡，教我怎么整理材料熟悉工作。我在心里告诉自己：你的实习生活开始了，你要好好努力，因为你的一言一行都关乎农大的声誉。我悬着的心也在温暖愉悦的氛围中安定下来，踏踏实实地开展手头细致琐碎的工作。

休憩之余自拍

实习初期，良好的交流沟通最重要。

由于专业不太一样，很多知识我都不太明白，刚开始我对工作不熟悉，比较简单的工作也要用很长时间，效率也不高。然而我不好意思开口问，担心这么简单的问题说出口实习老师会觉得我很笨。老师看我还没完成手头工作，也不好意思催我，就这样过了两三天，当我把整理的Excel表格发给同办公室的陈楠哥时，发现很多问题都需要改正重新来做。陈楠哥告诉我整理表格的方法和技巧，原来自己的笨方法用3天时间才做完的工作，竟然在陈楠哥的指导下一下午就完成了。我这才意识到自己的错误，要主动跟老师们沟通交流，不要总等着老师们主动开口。以后自然改了很多，老师们看到我的变化非常高兴，我们之间的交流顺畅多了。很快，赵一玮姐姐跟我讲了废水处理分析工作所要注意的要点，以及环评工作从招投标开始、实地勘察、调研数据到最后的反馈验收等一系列流程，而且她还把3万元保证金交给我，让我独自去京城寰宇环境科技有限公司办理投标报名手续。这一切充分说明，老师们已经不再把我当可有可无的旁观者了，开始引领我参与环境管理咨询室实际项目。

从以上两件事上我认识到，有些工作不要等老师们安排，作为实习生，应该主动跟实习老师交流沟通，应该时时保持谦虚谨慎的态度，真心尊重自己的老师，多向在一线工作多年的前辈们请教。

实习过程，认真踏实才是取胜法宝。

实习内容和工作虽然是并不复杂的脑力劳动，但也不能丝毫松懈。经过一周熟悉工作，每天重复往返于学校和实习单位的"两点一线"，似乎也没了新鲜感。但绝不能做一天和尚撞一天钟，要用认真踏实的态度对待每天的新工作。接下来，我对所学的理论知识有了更多的认识，并且也接触到了更多形式的学习内容，认识到了自己的肤浅与不深刻，培养了更优良的科研品质。例如，我参与苏银产业园的 CAD 图纸绘制和地理位置坐标查找时，用 CAD 在规划设计图纸中标出 38 家企业、9 所学校和 6 家医疗机构的位置，计算出对应面积并找出准确的经纬坐标。在大比例尺的图纸中半厘米就意味着实际的几千米，经纬度相差小数点后一位，位置就发生巨大的变化。在 CAD 图纸和 Google earth 叠加时，因为我的疏忽，一点偏差就导致企业园区飘在湖面上，整个图纸的错位为后来的测算分析工作带来了很大的麻烦。在实习期间，看起来工作很琐碎、微不足道，但非常考验一个人的耐心和细致程度。再大的工程和项目都有一些琐碎的事情，也正是由于这些琐碎工作的高质量完成才得以保证整个项目的顺利进行。所以在任何时候、任何工作中，都要保持高度的热情和耐心，更离不开细致严谨的态度。

实习结束，回顾幸福的点滴就是最后的小欢喜。

一个月实习看似做着日复一日的工作，却因为每天微小的变化而有着不一样的收获。因为整理工业废水表格知道了 COD、BOD 等参数，学会了氧化塘法、沉淀过滤法和生物污泥法处理设备；或者因为整理工业废气治理数据，而学会了袋式除尘、脱硫脱硝的方法；抑或因为同事对我一句小小的表扬而自豪一整天；因为中午一个好吃的点心而开心好久……回顾一个月的实习，除了知识和技能的收获，更多的是快乐和不舍。村上春树说，小确幸是微小而确实的幸福，如果没有这种小确幸，人生只不过像干巴巴的沙漠而已。当我在实习中进入专心致志、活在当下的状态，感受最真切和最细微的欢喜时，我想这就是小确幸带给我的快乐和愉悦。

我庆幸，也感谢有这样一个实习机会，能够很好地提高自己、锻炼自己。同时也对未来的研究方向和职业规划有了更清晰的目标。在今后的工作和生活中，我将继续学习，深入实践，不断提升自我。

吴俊豪
——博天环境集团股份有限公司

"笃实好学，事必躬亲。"

七月骄阳似火，怀揣着憧憬与紧张，我来到了博天环境集团股份有限公司（下文简称博天），开始了为期1个月的专业实习。从初来时的腼腆，到后来的侃侃而谈，是一个改变的过程，也让我学会了很多，了解了很多。最大的一个收获就是做事要"笃实好学，事必躬亲。"

实习单位大厅

初来到博天时，感觉公司的文化氛围很浓，哪怕是纸巾的盒子上面也印着公司的LOGO，身在公司会有一种隐隐的自豪感，虽然我还不是"正式的'博天人'"。

刚来到公司的时候不熟悉，有些尴尬，因为这是一个新环境，周围的一切都是新鲜的，我想尝试着去交新朋友，去融入这个新环境。我尽力把自己当成公司的一个员工，而不是一个学生，想要为公司真正做一些事情，做出一些让自己和公司都能认可的一些事情。这是我第一天上班时我的导师跟我聊的问题，同样这也是我的初心。

我的工作部门是华北区，我的工作是商务助理，我喜欢叫我的导师"娜姐"。

办公室工位场景

娜姐人很好，刚开始让我做的第一份工作是收集近 3 年以来北京市钢铁废水项目中标公司的情况。我原以为这个工作很简单，但当我真正做的时候发现并没有刚开始想的那样简单。

工作中，我向前辈们学习处事、办公的规则，同时也在散发我本身的"微热"。遇到不懂的问题就及时请教，脚踏实地地干活，做到笃实好学，事必躬亲。

孟子曾说过"穷则独善其身，达则兼济天下"。不发达的时候，做好自己就好了，做一个本分人，使自己的修养素质得到提高，尽力而为。发达了，广施善行，为社会多出一份力，多做好事，量力而行。我还处于要做好自己的阶段，为"兼济天下"而努力。

在博天实习的短短一个月的时间，我经历了很多，也学到了一些学校无法学到的知识，很感谢老师和公司领导给我这样的机会，我很珍惜。就像老师说的，用心才会有所收获，我会继续加油的，感谢经历，努力前行。

陈　璐

——北京中农富通园艺有限公司

"这是一个学习的过程，相信大家都有所收获。"

为期4周的实习生活过得很快，却让我学到了很多。4周里我从一开始的不知所措、担忧，到慢慢适应那里的生活，熟悉公司里的同事，也慢慢地有了归属感。

刚到公司的时候，突然进入到一个陌生的环境，其实心里很忐忑，不知道会被分配什么任务，也很怕做不好任务拖后腿。好在负责人很贴心，只是让我们先熟悉环境，学习相关的资料。同事们都很友好，在我遇到问题请教时他们总是耐心地教我。就这样，我很快适应了那里的生活，实习生活也慢慢步入了正轨。

总的来说，这段时间虽然因为我能力有限，没有做很多事情，主要是查资料学习，但好在还是帮上了一些忙，我还是蛮开心的。而且在实习过程中整个部门的风气都很好，大家都在积极工作，遇到新项目或者遇到问题时都会立刻聚在一起积极讨论解

工位一角

温室内部

决，前辈们也很照顾我们，遇到问题向他们求助时他们总是很有耐心，布置任务时也会给我们细心讲解，还让我们去基地参观，理论和实际结合。在这样的环境里，我们，学到了很多之前没接触过的东西。真的很开心，能在这样一个积极、有爱的部门里工作，也很荣幸能够跟这样一群优秀、开朗的人一起工作！

旷清泉

——北京汉通建筑规划设计 有限公司

"一个月的时间，学到的可能有限，但足以受用终生。"

到北京汉通建筑规划设计有限公司的第一天，当被问及"你会 SU 吗？"我只能给出"什么是 SU？""我不会""我可以学"的回复。

既然来到这里，这些都不是问题，学呗！在这里，你不想学别人也不会推着你学，但是只要你愿意学，就有学不完的知识和技能在等着你。于是，在两三位基地导师的耐心讲解和指导下，我很庆幸自己又掌握了一门重要技能。

在软件的使用上，设计院对操作熟练度的要求很高，工具栏界面特别简洁，大多数操作都通过快捷键来实现，这确实改变了我的操作方式。当然，软件只是必须要掌握的基础技能，而规划与设计才是这里真正的工作。由于此时的我能力不足，在这朝九晚六的一个月实习中，我只是做了些简单的工作，如平立剖面图的绘制与修改、SU 模型的绘制与修改及总图填色等方面的内容。

公司的前辈对我还

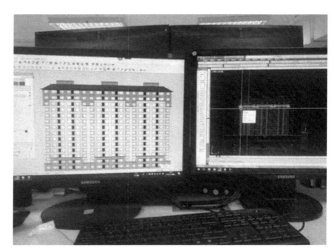

工位画图工作场景

是很照顾的，不会因为我的失误而指责我，也愿意花时间指导我，哪怕会让他们加班的时间更长。

实习是每一个大学毕业生必须拥有的一段宝贵经历，而这次实习，对我来说已不再是完成学分、完成实习要求的任务，而是一次真正在实践中开始接触社会、了解社会的重要机会，让我学到了很多在课堂上根本学不到的知识，同时增长了见识，开阔了视野，为我以后走上工作岗位打下了坚实的基础。

作为即将毕业，走出校门、踏入社会的年轻人，几乎没有任何社会经验，工作初期都需要一个适应期。但是，这次实习，让我有了提前接触社会的机会，可以说实习期间的每一件小事，都让我体验了人际关系、机会、评价、竞争、成功、失败等各种我今后工作中可能经常会遇到的事情，相信这些宝贵的经验会成为我今后成功的重要基石。而在这剩下的大四一年中，我们能再学些什么，再做些什么，这短短的实习经历能给我很好的启示。

感谢学校给了我们这样一个机会，也感谢学校老师、公司指导老师和同事们的耐心指导，一个月的时间，学到的可能有限，但足以受用终生。

白玛拉姆
——中博农畜牧科技有限公司

"虽然只是短短一个月的时间，我却觉得经历了好久。"

本次实习，我更全面地掌握了所学专业包含的知识，学会了将理论运用到实践中；这次实习，也让我知道了努力提高动手能力的重要性，在实践过程中我发现了自己的不足，在后面的学习中，我会努力提升自己的能力。

选中博农畜牧科技有限公司（以下简称中博农）实习的最初原因，是专业对口，且自己也对畜牧方向感兴趣。从介绍中博农公司的网页来看，其页面做得很简洁，但是内容很详细，让我产生特别的好感。

实习过程中，最让我受益的，便是跟随张磊师兄到中元牧业做现场认知实习。带领我们的张磊师兄也是农建专业毕业的，且已在中博农工作多年。他的讲解和我们课堂中学习有所不同的是，做现场设计要更多地考虑很多实际问题，而实际中的牧场规模与电脑上所看到的效果图的感受完全不一样，中元牧业还是让我有点震撼。张磊师兄带领我们参观了各种牛舍，给我们讲解了牛舍设计需要考虑的

Share In.
公司实习

01

02

03

记录在实习单位的时光

诸多因素，如能否满足奶牛温度调控的需求等。此外，我还参观了固液分离的粪污处理系统，这对我后面的学习和毕业设计将有很大的帮助。

除了专业知识，本次实习还让我加深了对社会的了解，明确了自己未来的就业方向，也锻炼了我的实践动手能力、沟通合作能力以及学习能力。

邓森中
——中元牧业有限公司

"阳光总在风雨后。"

我们选择的实习地点是中元牧业有限公司，这是一家进行奶牛饲养的公司。在实习之前，我们学过一些关于牛舍、沼气的相关知识，但是到现场实地参观学习的机会很少。在中元牧业实习过程中，我们既看到了真正的奶牛舍，也看到了实际中的门式钢架等结构构件，还到沼气工程的各个车间进行了参观学习，这是一次为数不多的将专业知识和实际工程结合起来的实践机会。

在实习期间，我印象最深的却是我们帮牛场干杂活的情景。在实习期间，我们挖过电缆沟、除过草，还割过垫料。在挖沟的过程中充满了艰辛，每天我们顶着太阳，忍受着炙烤，每次上衣裤子都被汗水打湿。割垫料时，我们一遍一遍重复着"弯腰—割开编织袋—将稻壳倒出"这一动作，大半天的工作下来，腰基本上就扛不住了，同时还要忍受着稻

除草

割垫料

壳和灰土带来的痛痒的感觉。另外，我们还要将发酵罐周围的杂草除去。这些杂活本来就比较无趣，加上比较残酷的环境，过程比较辛苦，有时干完活后，手臂和腰的酸痛甚至会持续到第二天。虽然比较辛苦，但是我觉得这些对于磨炼我们在艰苦环境下的意志力、锻炼我们忍受挫折和痛苦的能力非常有用。在干活时，很多次几乎想着不干了，想回学校过那种在寝室吹空调的日子，但是为了完成实习任务，不给农大、农建专业丢人，我们需要坚持下去，也就是这样简单的想法，我们挺过了艰苦工作的阶段。这段经历，可以说对于我们的身心而言，都是很大的磨炼。相信在以后的工作中，再遇到困难，回想起实习期间度过的那些不容易的日子，我们都会坦然面对。

我们所做的这些工作本身也是牛场运行和沼气工程施工的一部分。在干这些活的同时，我们也明白了真正的工程施工就是如此的烦琐、辛苦。在施工设计时，仅仅是图纸上的一个小小的设计，如一条表示电缆沟的线，一个简单的混凝土的填充图案和牛场运行中的一个简单的环节，实际施工时就会花费工作人员很多的时间和精力。而我们作为工科生，在未来工程设计时，就应该充分联系实际情况，不仅仅需要考虑如何将一栋畜禽舍、温室建设起来，还要充分考虑如何设计才能够使建设过程更加方便，易于管理维护，所以我们的设计要体现人性化，我们的设计者要有人文关怀精神和换位思考的意识。

李欣瑜
——盈和瑞环保设备有限公司

"读万卷书，行万里路。只有积极实践，亲身经历，方能体现出所思所学的价值。"

7月8日至8月3日，我和另外3位同学一起前往位于唐山市曹妃甸工业区的唐山盈和瑞环保设备有限公司进行为其4周的专业实习。

实习期间我们主要做了两种工作。前两周公司财务部的事务比较繁忙，我们辅助财务部完成了一部分工作；后两周按照原计划在设计部进行描图，进一步了解厌氧发酵罐的构造。

园区部分

实习前两周做的工作虽然与我们的专业没有很大的联系，但通过实习我们还是学到了很多东西，如材料和零件的种类、规格和价格以及加工的方式等。工作虽然没有太大的难度，却是对耐心和细心的一个考验。

实习的这一个月过得很快，看似是一眨眼，但也发生了很多事情，其中让我印象最深的是同事们之间的相处。

我们实习的公司所在地区比较偏，附近都是各种工厂，据说公司也是因为首钢集团在附近才搬到这边的，便于原材料的订购和运输。公司距离最近的商业街有5千米左右，虽然有公交车可以直达，但是班次很少，半小时才发一趟，而且

发酵罐

中午和晚上都是没有公交车的。

实习第一周结束后，我们决定去商业街那边吃饭，在公司门口的车站等车时才发现已经过了末班车的时间。我们正准备尝试通过滴滴叫车时，厂里面刚好有一辆车开出来，虽然我们之前并没有见过这个同事，但他还是很热心地问我们去哪里，可以送我们过去，听说我们打算吃烧烤后还给我们推荐了几家店。

在工作中，我们遇到不明白的地方同事都会给我们耐心地讲解，还宽慰我们说不用那么拘谨。虽然都是很小的事情，但是同事之间的这种关系还是让我觉得特别温暖，整个公司的氛围也十分融洽，这也是我整个实习期印象最深也最喜欢的地方。

胡羽聪

——北京农业机械研究所有限公司

"认真对待每一个任务，攻克的每一个困难都会变成礼物。"

现在回想起来，2019 年 7—8 月初在北京农业机械研究所有限公司度过的 5 周珍贵的时光，可以说对我的心态和工作能力的提升，都影响深远，而且为接下来一年找到了努力方向。

第一天报到，就在总工周增产博士的建议下，确定了两个任务：完成 CSTR 的网络调研、用 CFD 模拟集装箱植物工厂温湿度场的分布情况。

网络调研最终确定由 7 部分组成，用了前两周的时间完成了 30 页的初稿，参考文献数目第一次超过了 45 条。在撰写过程中值得一提的是，我攻克了不知何处找数据的难关。除了文献、网页问答、发展和改革委员会规划外，在国家统计局的网站上，只要有足够的耐心，总能找到合适的年鉴，例如，我找到了历年城乡沼气池的使用和报废的统计数据情况。

在第一周进行网络调研的同时，我还修改了一份提

会议剪影

温室内部

供给客户的集装箱植物工厂说明书。根据姚涛哥提供的"图文并茂、配以适量的公式说明"的修改原则，在 Visio 的帮助下，我成功用一周时间完成了说明书修改版初稿到成稿的工作。

研究所的办公区域并不空旷，行政、设计各个部门各司其职，我幸运地被分到了一个新的办公区，指导工作的周博和张博前辈亲切又很博学，相邻的王国庆哥和魏然姐都十分好相处，负责行政的杨姐和王姐也很照顾我，中午吃饭午休的时候也会带着我，因此，我很快就消除了到新环境的陌生感。

前两周的工作和生活可以用愉快来形容，然而有些时候太顺了往往容易"翻车"。

在后两周的 CFD 模拟中，我碰到了大学四年都没有遇到过的困难。事实上，由于我对 CFD 完全不熟悉，因此一切都是从零开始。第三周我在下载安装 CFD 软件上做出了"卓绝"的努力（可惜方向不对），选择了 CFD2019，从此陷在坑里爬不出来，联了网上有经验的个人博主也毫无头绪，下载安装的过程从 2019 重复到 2017，虚度了一周。第四周我想到了使用别的软件，可惜我的电脑并不是每套软件都能装上，一个个试到最后才找到最合适的 Starccm+，此时原定的 4 周实习已经接近尾声，而我要做的集装箱植物工厂温湿度场的模拟刚装好软件。因此延长了一周，希望能在 5 天之内完成。感谢周博的体谅，我最终借助网吧的台式机，让它以我的毕业设计的形式圆满完成了。5 周的时间不长，但遇到的事使我在挫败中得到了成长，在成功中建立起自信。特别感谢研究所的领导和所有同事，让我第一次体验到了一份工作的快乐和不易。

说到实习期间印象最深刻的事情，莫过于参与的两次研究所会议：一次是王所长和两位博士主持的交流经验分享会；另一次是研究所的半年工作总结大会，都使我受益良多。可以说在实习中，除了点滴积累的工作经验，对于设备开发的国内外行业现状和未来发展的思考都是在会议中产生的。

经过本科三年的学习，学院与各基地的联合，使学生能有一次在实践中应用和再学习的机会，不仅能够加深我们对行业的了解和未来发展的思考，也能促进我们由学生身份向职业人的转变。希望学弟学妹们也能够珍惜这个实习生的试错机会，大胆接触新知识、细心做好每一步。

李柯萍

——北京汉通建筑规划设计有限公司

"站在规划工作的最前线,真正做到合理、为民、被公众所接受,是一件非常困难的事情,需要培养综合能力。"

北京汉通建筑规划设计有限公司是一家拥有建筑工程设计甲级资质、城市规划设计甲级资质、土地规划乙级资质的综合性工程设计顾问有限公司。公司下辖1 个规划院、1 个建筑院、1 个产城中心、1 个景观设计所、1 个旅游规划所、1个室内设计所和 1 个综合办公室。业务范围以京津冀区域为中心,拓展到全国;业务类型涵盖规划咨询、城乡规划、城市设计、建筑设计和景观设计及相关的设计服务,并逐步拓展到城市开发建设的全领域和全过程。

我所实习的部门是规划部,主要负责北京郊区城乡的规划,如通州区、平谷区等。城市规划编制体系由以下 3 个层次的规划组成:城镇体系规划、城市总体规划和详细规划。我们主要负责城市总体规划和详细规划,根据同事的要求协助修改图纸细节或者尝试功能区域的规划,涉及的项目有通州区宋庄镇喇嘛庄村村庄规划、北石槽镇中心区东石槽村棚改项目安置房地块控制性详

实习单位一角

细规划、通州区台湖镇镇区控制性详细规划等。

在北京汉通规划建筑设计公司实习的第一周，我主要了解了公司的基本业务，完成了一些基础的工作。我们一起实习的同学被分到了不同的部门。我们规划部需要运用一些绘图软件，如 PS、CAD、Sketch up、AI 等。CAD 和 Sketch up 在学校里已经学习过，尤其是 CAD 使用较多，所以我上手还是很快的。在公司前辈的指导下，我收获很多，如快捷键的使用，相信以后使用效率会更高。平时还用 PS 编辑了一些图纸，但是由于 PS 只是用过，没有系统学习过，所以遇到了不少问题，还好都一一解决了。SU 和 AI 暂时没有使用，可能之后会用到，所以平时还是得熟悉一下。

第一周听取了组里的汇报，是关于北石槽镇中心区东石槽村棚改项目安置房地块控制性详细规划的。这个项目我也参与了一些细节的修改，但由于当时是根据同事的要求去编辑的，并不知道为什么要这么规划，所以听了他的汇报之后，我才了解了当地的实际情况以及这么做的原因。

到了第三周，工作与之前的没有什么区别，还是继续批量修改一些小区域，根据一张改好的图，把一组图同样的位置都改好。此外因为面积变了，所以一些相关的参数也会跟着变化，要在文本中仔细寻找并修正，还需要重新计算一些配套设施的用量。另外，这周还有了新的收获，我尝试规划了一个区域。这次的规划比上次更难，虽然也知道了面积和道路要求，但是区域的位置划分有很多种，而且每次满足了这个条件，又发现其他地方出现问题。最终，我设计出了 3 套方案，但还是存在很多问题，只有一套勉强符合要求。经过这次尝试，我学习了很多知识。例如，主干道、次干道和支路的开口距离，还有一些设施的布置位置，等等。

经过几次实战磨炼，现在的我已经基本对本专业的实际工作有了一个大致的认识。虽然我还有很多做得不好的地方，但这次实习真的让我深深体会到工作的辛劳，也深刻理解了老师平时督促的必要性，使我能够将课堂学习到的理论变为工作实践，使课本知识转变成真正的实践。实习中我体会到，要想成为一位优秀的城市规划工作者，不仅专业基础要牢固，其他如地理学、社会学、经济学等方面的知识都很重要；站在规划工作的最前线，真正做到合理、为民、被公众所接受，是一件非常不容易的事情，需要培养综合能力。

在北京汉通建筑规划设计有限公司实习的短短一个月，我感受最深的就是组里同事之间轻松简单的氛围。我所实习的规划部，主要负责北京郊区城乡的规划，如通州区、平谷区等。一个部门有好几个组，本来实习之前我担心和同事年龄阅历相差太大难以相处，但是幸运的是我分到的组的组员都是年轻人，比较年长的组长也刚 30 岁左右。刚刚给我分配好座位后，组长就一一给我介绍了每个组员的名字；到了午饭时间，因为刚来我对这一带不熟悉，正发愁吃什么的时候，他们就很热情地问我要不要一起吃饭；吃饭过程中，发现大家彼此有很多相同的爱好，如平时会刷一些热播剧，等等，顺便还能聊一些自己的感想。另外，在平时的工作中，他们都非常耐心、细致地教我怎么操作软件，不厌其烦地把每一步都演示一遍，直到我清楚了才放心，如有其他问题也可以随时请教帮我解决，这让我很快就能够独立地完成类似的工作了。

回想这次实习，从我刚进入公司时同事、导师教我 CAD 快捷键使用、PS 图片编辑等基础绘图技巧，到参加项目组会展示，再到通过同事负责的项目实例学习规划，和同事去马驹桥县政府投标，等等，我学到了很多东西。此外，在这里，我也结识了新的朋友——我的同事们，为了让我融入集体，他们邀请我一起聚餐，提醒我参加公司的下午茶，跟我分享他们以前实习或者刚工作的经历，所有这些都让我渐渐消除了第一次在公司实习的紧张，很快融入到了这个环境。所以，十分感谢指导老师和我的同事们，如果没有他们的帮助，我根本不可能顺利完成这次实习任务。

张志豪
——中元牧业有限公司

"实践出真知，在实践中发现问题，在实践中巩固知识，在实践中创新。"

转眼间，我已经度过了 3 年理论学习的时光，但农建专业是一个与实际生产密切相关的专业，为了将课堂知识与实际生产结合起来，为了学到在课堂上接触不到的知识，为了增强自己的动手能力，我选择来到了中博农畜牧科技有限公司旗下的中元牧业有限公司进行为期 4 周的实习。

根据安排我们来到了沼气发电区，负责带领我们的是沼气部主管常工。本来我以为来到牧场能进生产区工作，能到挤奶、繁育等岗位实习，结果去了沼气发电区，我觉得有些遗憾。但很快我的心情就从遗憾转为了惊奇。整个沼气发电区虽然占地面积不是很大，但是整个系统却非常复杂。以前只在书上简单学习过畜禽粪污处理方面的知识，但实际接触非常少。而这次，我能近距离观察、接触一整套的畜禽粪污处理系统。常工也带领我们去认识系统的各个部位，给我们讲解调节池、厌氧罐、有机肥车间和膜车间等工艺各个环节的原理、

园区部分

发酵罐

作用和所用设备。但遗憾的是，因为处于调试阶段，很多设备还没有运行，因而我对这套系统的了解不是很透彻，很多地方只能靠想象。

这套粪污处理系统采用以厌氧发酵为主的整体解决方案来处理养殖区的粪污，产生的沼气用于发电供场区内使用，其余的资源可供养殖区综合利用，从而实现废弃物的回收再利用。固体沼渣通过干燥后生产优质有机肥料，不仅解决了蓄禽粪污的污染问题，同时也解决了种养结合消纳量的问题，可最终实现畜禽粪污的减量化、资源化、无害化、稳定化和生态化。在和工作人员的交流中，我了解到整个粪污处理系统投资了 1.2 亿元，目前想要收回成本还很困难，建设粪污处理系统的目的是响应国家的环保政策，减少养殖场对环境的污染。习近平总书记说，"绿水青山就是金山银山"，养殖场的粪污处理问题是我们农建人需要去突破的难题，不仅要处理掉，还要处理好，变废为宝，让粪污也能赚钱。

在实习后期，每天早晨技术人员会上厌氧罐顶部检查搅拌器的散热片和润滑油，同时听设备运转的声音是否正常，若出现问题需及时维修。但在试运行过程中，系统仍存在许多大大小小的问题。例如，在开始试运行时，无论怎么调节进水流量阀，进水流量都不能正常显示，技术人员很是费了一番工夫才让其恢复正常；有一天监控系统出了问题，界面上所有的数据都不显示，这样就无法获知系统的工作状态，无法调节厌氧罐的进料、出水、排泥等，因此系统只能暂停试运行。如果是在实际生产中，这对生产的影响将是很大的，所以，从工程完工施工到正式生产运行，还需要经过很长的一段调试时间。

一个月的实习很快就过去了，虽然在实习过程中要干一些脏活累活，人也晒得黝黑，但是这种实际接触生产工艺和设备的机会是不可多得的。通过实习，我接触到了全新的领域，学到了许多实践性的知识，能将课堂知识与实际相结合，提高了动手能力。我相信，这些都会帮助我在"农建之路"上走得更远。

陆　衡

——中博农畜牧科技股份有限公司

"从校园到职场的转变，是来中博农后最大的收获。"

实习的第一感受，首先是进入企业前要做好准备工作。

和指导老师保持联系是极为重要的，一是需要每周或者约定时间段内向老师提交自己的实习日记，进行实习汇报；二是离开学校一定要和老师说一声，及时告知老师自己的去向，因为学生在校外的安危会牵动老师的心。

在指导老师帮忙下与企业方取得联系后，一定要主动联系企业负责人，看看需要准备什么，如上班时间安排、衣服着装、电脑、需要提前准备的某些基础知识等。如果没有特别指定，可以先向指导老师咨询一下去的时候需要注意什么。我和室友提前浏览了一下企业网站，大概了解了一下企业的结构、企业是做什么的、什么做得比较好等，然后查询了一下到工作单位的交通路线，找好几种路线，以免上班人太多地铁挤不上去，耽误上班。此外，还需要带电脑。这些准备工作是顺利开展实习的基础。

其次是做好刚接触企业时的心理准备。

到企业之后要通过联系的领导带自己进去，才

牛舍实拍

方便认人、安排工位等，所以前一天一定要和企业负责人说好时间，一定要早于约定时间到给对方留下好印象。

除了有本校的学长学姐在的企业可能会更好熟络之外，其他的企业可能更需要靠自己去认识，要更主动更"厚脸皮"。我和室友去公司的最初几天，除了基地导师之外，其他人我们都不敢打招呼，当然，其他人也不会主动来认识我们。所以我和室友就趁中午大家吃饭回来的时间，买了点小零食，然后一个一个去打招呼问名字和部门、要名片，这个时候如果能用手机记下来就更好了，当然，这个时候如果有同事能够主动和你说几句，我认为就算不错了。因为碰到过一个大哥，我们去打招呼的时候碰了一鼻子灰，后来才知道他觉得我们没什么能力，而且是实习生，没有什么好理睬的。

刚去公司的时候，因为没什么任务，主要想了解企业，会看很多关于企业的介绍，这个过程很枯燥。但是在这个阶段，可以抽时间主动去了解更多的相关设备，遇到问题时积极主动查阅相关资料，拓展自己的知识面。总之，就是不要看着一本书发呆。

此外，熟悉企业之后，建议多干实事。

上班绝对不能迟到。

见到认识的人，一定要打招呼，别人对自己的印象就是通过一点小事慢慢积累起来的。

只要是坐办公室，即使有很无聊的时候，也要坚信一点：上班的时候不要玩游戏、刷手机，没事干的时候去提升自己的软件能力或者知识面，对自己很有益处。

中午吃饭的时候，可能会是你自己一人，这时候，不论周围的人怎么对你，都要抱着试一试融入的心态，但是不要强求。

方星雨
——博天环境集团股份有限公司

"身处职场，我们需要不断学习新知识，并在实践中不断应用，以提升自身的能力。"

2019 年 7 月 8 日是实习的第一天，我们专业 6 位同学早早到达位于北京市安定门的博天环境集团股份有限公司（以下简称博天），设计院院长俞彬热情地接待了我们。9 点 15 分，实习启动会正式开始，俞院长向我们详细介绍了企业的运营理念、企业文化、公司业绩、公司荣誉等等。接着，基地实习导师向我们介绍了各部门和每位同学的职责，同学们也向基地导师们介绍了自己。经过这一番交流，我们几个同学对博天有了更深入的了解，也对自己在将来的 4 周内要做的工作有了一定的概念。简短的午休之后，刘凯男总经理与我们两位将在博华水务实习的同学进行了亲切的交流，解答了我们的很多困惑，也对我们的未来发展给予了建设性的意见；同时，刘总也教导我们，学习是终身的事情，学校和书本里学到的知识，在职场中其实并不够用；身处职场，需要不断学习新知识和实践，才能升自身能力。沟通结束之后，刘总又请来了两位博天的同事，向我们传授学习及工作经验。这两位同事也十分耐心、热情，解答了我们一个又一个问题，还分享了自己的求学和求职经历、感悟。第一天的交流，我们对公司更加了解了，也在前辈们的话语中受益良多。

一、前期汲取知识，积极思考

实习第二天就开始正式的学习和工作了。基地导师给我们拿来了水处理、给水排水等有关书籍和文献。通过多天的阅读，我学习到了很多新知识，也试着在这些新知识与我现有的知识之间建立联系。例如，实习过程的前两天，我了解到了城镇给水系统的组成与类别、影响给水系统选择的因素以及整个给水工程建设程序和设计过程。第一次系统性地接触城镇给水相关知识，我意识到这些"新知识"与我们专业的密切联系，如农业建筑设计中，也涉及取水、输配水、净水等过程，虽然标准与城镇给水不同，但其基本理念原则是大致相同的；建造一个水厂需要考虑许多因素，这些因素很多也是我们专业在建造畜禽舍及温室时需要考虑的。我还学习了污泥的处理处置，在城镇污水处理过程中产生的大量污泥，如果不予有效处理，会对环境产生二次污染。沼气是污泥厌氧消化产生的消化气，主要成分中脂肪的产气含量最大，而且甲烷含量也高。在污水处理厂内，沼气的利用途径，主要是作为动力燃料，通过沼气发动机和沼气锅炉加以利用。我们专业领域的废弃物处理中也会产生沼气，如何最大力度、最大效率回收利用这一资源，减少其对环境的污染，是我们与污水处理领域共同面临的问题，只不过我们面对的废弃物成分不同，对应处理工艺流程也会有差异。污水处理厂中产生的沼气用来驱动发电机发电，供给厂内使用，送入电网或者直接驱动鼓风机或污水提升泵，以便节省能源；而农业生产中沼气的利用范围更广，可将其通入温室大棚中燃烧，产生二氧化碳作为气体肥料。农民自家的沼气池只要管理得当，就能解决点灯煮饭的燃料问题。沼气的开发利用前景很广阔，优势也十分明显，可满足可持续发展的要求。

此外，我还学习了有关城区河道生态综合整治的知识，包括国内外河道治理发展的概况、城市河道治理中存在的问题与理念转变、流域生态综合整治工程涉及的阶段等，对流域生态整治及河道生态修复工程的实施全过程有了初步的印象。通过学习，我体会到，做好流域生态综合整治工作，对于实现经济社会全面、协调、可持续发展具有十分重要的意义；河流是水资源、水环境的重要载体，是水生态文明建设的重中之重，不论什么产业，在生产中都要注重水资源的合理利用，特别是对河道的合理利用，应以不破坏河流生态环境为前提，尽量减轻治理的压力。

实习前期，导师带我熟悉了建设项目报建的流程。首先是项目建议书阶段，在这之前要完成选址范围内的土地利用规划调查，然后依次进入可行性研究阶段、汇报咨询阶段和实施阶段，待拿到施工许可证且融资到位后，就可进行工程建设，最后是运营和移交。此外，导师还带领我们学习了水厂设计图纸，我们了解到，水厂总体布置首先要考虑工艺流程布置、地形及进出方向。流程布置通常有直线型、折角型、回转型等基本类型，无论哪种，都必须考虑力求简短、尽量适应地形、注意构筑物朝向等原则。当主要构筑的流程布置确定以后，即可进行整个水厂的总平面设计，将各项生产和辅助设施进行组合布置。同样，联想到我们的温室、畜禽舍建设，也需做到因地制宜和节约用地，以力求减少土石方量。整套污水处理厂的施工图包括：总图工艺、建筑、结构、暖通、电器及自控。所有图纸都十分严谨、规范，所以我的绘图水平仍需不断提高。

二、中期参与工程项目，在实践中成长

实习中期，我参与了绵竹市城市污水处理厂提标升级工程项目的技术支持工作，协助技术负责人梳理设备清单，整合技术协议，修改可行性研究报告，编制设计总包合同等资料。

在完成合同协议书的校对时，我通过现有合同协议与标准范例模板的比对，体会到了合同协议书的标准化、规范化的特点，以及根据具体需求进行合理改动的可能性。总的来说，工程合同是一份在标准的基础上适当可变的协议书，它对工程的基本信息、工作内容、权利、义务等进行书面规定，以保障当事人双方的利益和项目的切实实施。所以，合同协议书需要认真校对，确保内容不遗漏，语义表达准确无歧义，以减少日后合同实施和管理过程中出现纠纷的可能性。虽然这项工作看似枯燥无味，却是不可怠慢的，它锻炼了我的耐心和阅读理解能力，进一步提升了我对工程的认识。

梳理设备清单，就是整合并对比同时进行的几个项目的设备采购清单，为采购部提供帮助。具体涉及的项目有：普宁市英歌山镇污水处理厂项目、临沂二污项目、谋道苏马荡景区污水处理工程项目。将这几个项目中用到的相同设备的类型、型号做成表格进行对比，可以保证多项目同时高质高效地完成前期准备工作。

在进行可行性研究报告的修改任务中，我了解到工程项目可行性报告是从技术、经济、工程等部分进行调查分析和比较，并对项目建成以后可能取得的经济效益和社会环境影响进行科学预测，它可为项目决策提供公正、可靠、科学的投资咨询意见。

在项目进行过程中，我了解到了污水处理领域很多先进的技术手段，其中，印象最深刻的是膜生物反应器。这是一种膜分离与生物处理工艺相结合的技术，简称 MBR 工艺，它在固液分离效率、分离效果以及出水水质等方面，具有其他生物处理工艺所无法比拟的优势。当然，这一技术目前也还存在膜污染、膜清洗和能耗高等问题，有待我们进一步研究解决和完善。

随着项目的进行，我还学习到了净水工艺的相关知识。如净水工艺有曝气、混凝沉淀、过滤、化学沉析等多种。针对当地原水水质的特点，我们要对净水工艺进行选择，原则是以最低的基建投资和经常运行费用达到要求的出水水质。在选择之前，我们必须充分掌握原水水质、污染物的形成及其发展趋势、出水的水质要求、场地的建设条件、当地类似水源净水处理案例等资料。在做完前期准备工作后，就可以进行净水工艺流程选择。不同水质类型的水源工艺流程大不相同，如水库、湖泊的原水往往浊度较低、含藻较高，在除浊的同时需要考虑除藻；当原水的氟化物含量超标时，还应进行除氟处理。总之，不管是什么工程，实施什么方案，前期工作准备、资料收集都十分紧要，且一定要因地制宜，目标明确，有针对性地做事，才能取得成效。

在项目设计阶段，我发现所依据的设计手册有多个版本，这说明给排水工程的标准、规范也不是一成不变的。随着国民经济的飞速发展和改革开放的日益深入，以及国外先进技术和设备的引进、消化，原有设计手册已不能适应工程建设和设计工作的需要时，就会对现行标准、规范进行修订，删去陈旧技术，补充新的设计工艺、技术。这就是为什么我在手册中找不到某些技术的原因——查阅有关资料之后发现它已经不再使用。

三、后期总结经验，有所感悟

实习过程中，我还协助人力资源部门做了一些信息收集和统计的工作，借此，我熟悉了博华水务的办公室分区和人员工位区域安排，对各个部门有了更深刻的印象。工作中我们与同事进行交流，锻炼了沟通能力和胆量。此外，我意识到自身工作效率的不足，以后应提前做好准备、规划，不能把时间浪费在等待上。虽然这些工作内容是比较简单的，但是也必须投入心思和精力认真对待。很多实习生在一些时候会觉得自己没有受到足够重视，所干的也只是一些无关紧要的杂活，这个想法是不可取的。职场是一个与学校完全不一样的地方，在职场我们就要谦虚从零学习，做人、做事、做学问，从小事做起，不能好高骛远，态度要端正。从学校到社会大环境的转变，身边接触的人也换了角色。老师变成老板，同学变成同事，相处之道完全不同。这个巨大的转变中，我们可能彷徨、迷茫，但是虚心和积极向上的态度及时间会帮助我们解决一切，让我们逐渐适应新环境。

在大学里学的不只是知识，更重要的是提升自学的能力。很多时候我们的工作是用不上专业知识的，并且在这个信息爆炸的时代，知识更新换代极为迅速，学校中学到的一点点知识是绝对不够的，我们需要在工作中勤于动手实践，积极钻研探索，不断学习，不断积累；遇到困难，要虚心请教，努力想办法加以解决。在向他人请教时，自己思考过后再去寻求帮助，其效果会更好。学习是终身的，没有自学能力的人，迟早要被社会淘汰。

从刚参加工作时的激动和盲目，到后来能够主动合理安排各项工作进程，从最初的忐忑不安，到后来的逐渐适应和自然轻松，我都感觉自己成长了很多，学到了很多新知识和为人处世之道。特别感谢公司的领导、同事，无论什么问题，他都会给予耐心解答。当然，走进工作岗位，步入更加纷繁复杂的社会，好比是迈进了一所更大的大学，需要虚心求教的态度，需要在一次次实践中磨炼自己。

虽说我们实习生的工作看上去并没有技术含量，但我们要学会以小见大来看待。没有一件事是随随便便成功的，付出心力的结果，一定要比胡乱蒙混过关好很多，而且付出努力之后，自己也会满足、心安。

这一个月下来，我也更加体会到了工作的不易，准确来说，是很辛苦。一天都得在公司，时间很长；中午吃饭的速度一定要快一些，否则午休时间就会很少；再加上平时下班时间，以及回校之后还得忙学习的事情，自然是更加辛苦了。虽说辛苦，但心里觉得很值得，这是一次很好的锻炼机会。校内导师和公司指导老师都十分关心我们，时刻为我们着想，我很感恩。

葛绍娟
——北京中农富通园艺
有限公司

"这次实习除了工作上学习到的知识，更多的来自于生活，园区恬静舒适的氛围，带给我不一样的感受。"

回顾这 4 周的实习工作，我感触很深。4 周的时间，虽然很短，但是在领导和老师们的关怀及指导下，我获得了很多宝贵的经验，学到了很多在学校里学不到的知识，也认识到了自己很多的不足。

我所在的部门是专利转化部，工作内容就是将已经申请成功的新型发明专利转化成实物。由于工作经验不足，我只能操作一些简单花架专利的制作，这个工作持续了一周多。之后就开始转为调节智能小车安装程序以及红外和超声探头，让小车实现自动避障以及自动趋光的功能。依靠之前学过的 C51 单片机知识，进行实物试验，虽然程序比较简单，但是调节起来也有不少问题，这让我认识到校内理论知识学习的重要性。

其余的任务，包括检测番茄甜度，给南瓜刻字，整理豆芽发芽数据等，任务比较烦琐，不涉及专利转化的东西，但是另一种不一样的体验。尤其是在检验室做实验，过程很枯燥，但还要认真严谨。我认识到不论是今后在学校的学习，还是以后进入社会工作，凡是涉及数据方面的，即

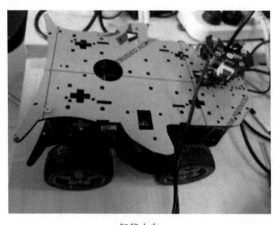

智能小车

使是简单重复也一定要认真细致。

最后是专利创意。发挥自己的想象，想出几个可以做成专利的创意点，同时按照专利书写格式尝试撰写专利文本。这也是在专利转化部对专利方面的知识接触最多的环节。在工作过程中，办公室的哥哥姐姐们很热心地指导

实验结果及温室内部

我们专利书写注意要点，为我们书写专利以及设计提供修改意见，对于绘图方面不懂的问题也给予耐心指导，帮助我们交上了一份比较完整的专利申请书。

很感谢学校和公司给了我这次实习的机会。这次实习除了工作上学习到的知识，更多的来自于生活，园区恬静舒适的氛围带给我不一样的感受。希望以后带着这一份经历，继续学习和工作，继续进步。

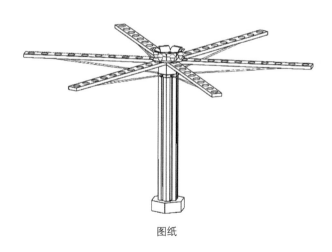

图纸

王 琦
——京鹏环宇畜牧科技股份有限公司

"从校园到实际的思维转变，是在京鹏最大的收获。"

　　我在京鹏环宇畜牧科技股份有限公司（下文简称京鹏）的职位是工程设计部牧场工艺设计的实习生，平时的工作是奶牛场总体布局和单体建筑的方案设计。

　　对我来说，这 4 周的实习很像是一个集训，我可以很明显地感觉到自己在奶牛场的工艺设计方面有了巨大且飞速的提升；我阅读了大量的材料和案例，这极大地充实了我的专业知识。每次听前辈们讲解、讨论以及听会时都记录下很多笔记，这个过程就像是在盖一栋楼，每次遇到一个问题我就去问、就去了解，就像为这栋楼添了一块砖。确实，每一个细节知识点都是很琐碎的，但它们整体堆砌、集合在一起就提升了我在相关领域的理解和感悟。同时，通过这次实习，我在规范的应用、CAD 软件的操作能力和制图技巧等方面都有了明显的进步，如在进行奶牛场的总平面图设计时，从最开始完成一张图纸需要 3 天左右，到最后只需要 1 天，而且图纸质量比之前还更规范。

　　在京鹏实习的过程中，我深切地感受到平时在课堂上学的东西完全是有用的，对于之前理论上学的很多看起来相对比较空的要求也有了非常具象化的认识，联系实际，也加深了理解。我也更加清晰地认识到了作为农建这个专业的学生，未来走向行业内的这条道路，具体会去做哪些工作。以现在的我的认知来看，未来从事这样的一个职业我是完全能接受的。从行业的角度来说，我也意识到了这个领域对人才的渴求，京鹏一再强调现在农业相关行业的人才非常稀缺，也让我对我们的专业以及未来道路更增添了一份信心。

将一直处在象牙塔内学习的我放到一线企业中实习，对我来说是理论和实际相碰撞的一次体验。我切实感受到了这个专业、这个行业内理论学习，或者说科研与实际生产实践的巨大差异，甚至说是矛盾。小到一些细微的要点，如是否建运动场；大到一些设计思路上，如配备装备是该根据经验直接配置，还是根据理论计算数据针对性地选择；再到更加宏观的行业发展，如产业中如何平衡技术成本投入和利润获得，究竟要不要投入革新的技术（新的技术往往意味着高成本）、新技术怎样真正落实到产业中、设计中采用新技术后期的配套管理能否跟上……开始在遇到并意识到这样的问题时我就一直在思考，那些小的细微的点可能可以通过技术手段来解决，但目前科研端和一线生产端的差异及冲突这一根本性问题如何解决，可能还需要长期的思考和投入。以目前我的水平，感觉这不是一两个人能改变并解决的事，可能需要很多个专业行业的人，需要一两代从事这个领域工作的人的思想转变来改变。或许着实有必要让我这样从事本专业的人，或者说接受过我们这个专业教育、拥有工程设计思维的人，更多地走进生产一线，而且不能在进入企业、身处一线后就忘记了初心，忘记了曾在学校学习过的原理性、原则性的理念，在充分了解双方立场后再来协调这些问题，只有这样，才能使科研端和产业端相一致吧。

非常感谢学校和基地给我们安排这次实习机会，感谢校内导师王朝元教授、基地导师崔安前辈的指导，感谢京鹏这4周的照顾和培养。我必将不负培养，继续前行！

实习结束时合影

杨 睿

——中农金旺农业工程技术有限公司

"能够感受到心中有个沙盘模型般，在将温室的各个部件连接起来，当'心中的温室'搭建成功时，我的喜悦也涌上心头。"

见到姚娜老师是在启动仪式上，姚老师说话十分干练，简洁明了，要求和任务也都详细列出，其实我当时还挺紧张，又比较期待。

第一天上班入职技术部，杜老师并没有直接给我分配任务，而是和我讨论了我的意愿以及温室行业的基本术语、规范，同时给了我一本温室建造书籍。这第一步也为我接下来的项目方案设计打下良好基础。杜老师其实非常忙，但他时常会来到我的位置问我有没有问题，让我真正感受到自己是公司的一份子。

由于比较喜欢以问题为导向学习，在和老师讨论之后，我拿到了几份案例进行学习。刚拿到 CAD 图纸，我却发现和学校学的不太一样，很多细节看不太明白，或者说书本上的知识是不够的。全套的设计图纸包括方案设计、详细施工图、水电暖管路等，各处细节明了，我很惊讶，觉得这些太专业了。

最开始给我的任务是做一栋大温室的方案设计。真正开始自己画图，而不是看图时，我面临的问题

开会讨论方案

就更多了：某个符号图例是什么意思、为什么某处会有那么一条线、为什么某处不需要画、想象不出来某些部件……于是当我把问题一个个列出来问清楚时，才做到了从"站在外面看温室"到"站在里面看温室"，并且能够感受到心中有个沙盘模型般，在将温室的各个部件连接起来，当"心中的温室"

前往现场勘查

搭建成功时，我的喜悦也涌上心头。

在为期不长的一个月里，从最开始进入办公室的拘谨，到后来与同事互相交流学习，种种经历都促进了走出学校、走出舒适区的我的成长。中农金旺宛如一个大家庭，大家会在忘记开灯时，调侃"省电办公"；同事的大桃子、安姐的小苹果、同事们一起拿着生日卡分蛋糕；文慧姐耐心地为我指出一个个骨架统计表中的骨架；杜老师分享自己的工作经历……

衷心感谢老师们的严格要求和校内导师滕老师的每一次关心与指导。这次实习中学到的知识与为人处世的态度让我受益匪浅，相信这也是我未来职业道路的巨大财富。

张建楠
——清华大学建筑设计研究院

"既要仰望星空，也要脚踏实地。"

　　7 月初，我们迎来了专业必修实践课程环节"专业综合实践"，我有幸通过校内导师黄仕伟老师申请到了清华大学建筑设计研究院有限公司的实习生岗位，并在该公司内清华大学建筑设计研究院二分院三所进行为期一个月的实习。实习期间我进一步了解了建筑的深刻内涵，从书面的理论水平上升到与实际结合的新高度，同时，对具体设计流程，平面图、立面图、剖面图以及效果图的要求规范都有了更深的体会，空间概念也逐渐明晰，对未来也有了更明确的规划，这段实习生活在我未来的学业抑或工作中都将发挥不可替代的作用。

　　以前只是看到设计院表面的光芒，直到真正走进这个地方才发现，原来表面的

实习单位一角

风光是很多人汗水的凝结。但是对我们实习生而言，实习生活要好很多。公司管理非常人性化，办公室气氛很活跃，前辈们都谦逊而友善。工作任务没有传说中那么艰巨，只要用心就能做好。实习期间我与另一位实习生一起完成了中油广西田东公司第一生活区改造的修改方案设计，工作内容包括总平面修改及经济技术指标的计算，部分住宅户

型平、立、剖面设计及修改，最后成图提交方案。

工位场景

总体来说，此次在设计研究院的实习自我感觉还算满意。首先，我达到了自己设定的最低要求，即初步了解了设计院的机构设置、工作流程、工作环境、设计师的日常工作开展情况等，同时也认识了一些从事设计工作的设计师和结构工程师。其次，提高了我电脑制图软件的应用水平，并学会了很多快捷操作。如在制图的过程中使用几个小技巧，就可以达到事半功倍的效果，这让我在学习中少走了弯路。除此以外，在多次改图的过程中，加深了我对设计的认识。不过，不足之处也有很多，如在校期间 CAD、PS 等软件使用锻炼较少，导致自己在实习一开始画图效率不高。规划设计是一门综合性很强的学科，不仅要求我们熟练运用各种绘图软件，而且更需要了解并掌握规划专业相关的知识、规范。通过实习修改总图，我懂得了一定要对规划地中可使用面积、建筑单体之间的距离、建筑与公路之间的距离、消防登高场与公路的关系等进行仔细推敲和考虑。最后，这次实习除了在专业方面得到了非常大的收获之外，我还学会了怎样和同事们友好相处，虚心向他们请教。他们就像是朋友、老师和长辈一样帮助、指导我。和设计院的前辈们相比，我在住宅设计方面不会的内容还有很多，还有很多东西需要向身边的前辈们请教。我也认识到，要想做好这方面的工作单靠这短短一个月的实习是远远不够的，还需要我在平时的学习和工作中一点一滴的积累，需要不断丰富自己的经验才行。路还很长，需要不断地努力和奋斗。

我坚信，这段时间实习所获会让我终身受益，也将在我毕业后的实际工作中不断地得到验证。以后的日子，既要仰望星空，也要脚踏实地。所以在最后的一学年里，我会继续认真学习相关专业知识，积极理解和活用实习中所学到的技能和经验，努力提高自身业务水平，为今后工作或深造打下良好的基础，做更好的自己。

张脐尹
——唐山盈和瑞环保设备
有限公司

"只要肯学习，无畏前进，就能够成长。"

　　在暑假期间，我们进行了为期一个月的专业综合实践，实习地点是唐山盈和瑞环保设备有限公司。从进公司时的 7 月 7 日到离开时的 8 月 4 日，回想在公司的 4 周，虽然不能说有多么巨大的收获，专业能力得到多大的提升，但确实得到了在学校无法获得的体会和经验。

　　开始的一周因为负责人出差，再加上公司财务方面工作比较繁忙需要人手，我们的主要工作就是整理合同，录入资料整理成 Excel 文档。最初确实感觉有些烦琐枯燥，面对着一摞摞合同，敲打着一串串采购编码，好像做着和专业不太相关的事。但随着工作的深入，有了不一样的感受，我开始体会到企业背后严格的规章制度以及庞大信息管理系统的重要性。这些基础工作，正是建立良好信息系统至关重要的一步，所以当最后看到整理好的一摞摞资料和 Excel 表格时，还是成就感满满的，同时也越发体会到细致工作的重要性。第一次接触财务方面的工作发现还是有些复杂，系统里的部门分得很详细，采购单子也分为采购、入库等，幸好有同事耐心的指导和帮助，我们才学会了系统基本的录入功能。

　　经过一周基础的核对整理工作，我对很多零件名称、罐体原材料有了认识，开始不觉得有用，但当沙工开始给我们介绍公司的生产流程、产品时，我竟然对很多部分都很熟悉了。结合这些知识，我们开始用 CAD 描绘三相分离器以及两种罐体的装配图和平面图。进行三相分离器装配图的绘制，刚拿到图纸的时候，我觉得无从下手，因为有很多线条，长度和类型都不一样，也不清楚线条对应的零件部位是哪里，而且很多尺寸都没有标注，只能慢慢开始对着折板图识别零件和尺寸，然后对照着进行标注。随着绘图的深入，这些问题都迎刃而解，甚至变得非常熟练，即使是面对复杂的线条也能对应出相应的零件。

此外，整套图纸是由我们几个实习生共同绘制，因此，产生了一些没有预想到的问题，如总放置图框时发现大家标注的格式不太一样，线条粗细、字体大小都有差别。虽然这些不影响读图，但还是需要规范一些，按照规范要求制图。像这样的团队合作以后还有很多，所以一定要提前明确规范要求，不然每个人的风格不同、想法不同，最后呈现出的图纸就比较杂乱。开始绘图的时候不太熟练，画完一套图后，沙工提醒我们可以计时，看看我们画一套需要多少时间。一计时才发现自己效率不高，但一味图快又会犯错，导致来回返工修改，反倒耽误了时间；但细致一点就得不断检查，自然延长了时间，所以还没办法做到一画就准确，说明还需要不断练习。实际工作中绘制设计图，就得又准确又快速，并且还要对自己所画的图负责，我还有很大差距。

画图的过程中我们也对厂区进行了初步的了解。在谢工的带领下，我们参观了搪瓷车间、机加工车间、膜车间，初步了解了搪瓷拼装罐的流程。我们是第一次真真切切地接触生产，对各种规范统一和一个

发酵罐平面图汇总

厂运转背后完整而复杂的流程感到惊讶。

整个实习过程有很多深刻的体会。跟着胡主管、沙工能明显感受到与学校不同的紧张工作的气氛，从早到晚他们都来往于大大小小的会议中，接着一个又一个的电话，确实如工程经济课程里所讲，项目经理往往最繁忙也最需要能力。所有同事都非常的耐心，即使我们有很多问题他们也都认真地解答。我们现在只是青涩的大学生，将来步入工作岗位肯定会面临无数的困难，但我坚信，只要肯学习，无畏前进，就能够成长。

赵　娜
——生态环境部环境发展中心

"站在更宏观的角度去看待我们的专业，坚定了我要在农建专业继续发展的决心。"

　　在这次专业综合实践中，我有幸来到生态环境部环境发展中心进行为期一个月的实习。生态环境部环境发展中心是生态环境部直属综合性科研事业单位，在这里的实习生活短暂而充实，我的视野更加开阔，能力也得到了很大的提升。

　　我和莫尧、王月瑶两位同学，被分配到了农村环保研究室进行实习。实习期间，我参与了《借鉴国外经验的地下水污染防治监管机制研究报告》的资料搜集和初步整理工作；配合进行了 2019 年农村环境整治项目中央储备库入库形式审查会会务工作及数据统计；完成了与畜禽污染相关条例、规范和标准的整理汇编，进行了各省农业农村污染治理攻坚战重点任务阶段进展情况的资料整理。我们办公室的于奇姐、小梅姐和娜姐都是工作能力强、工作经验丰富的前辈，每当我在工作中遇到困惑时，她们都耐心地给予我帮助和指导，让我受益匪浅。

　　实习过程中，我印象最深刻的就是有幸参与了 2019 年农村环境整治项目中央储备库入库形式审查会，进行会务及数据统计工作。我们办公室主要负责联系场地，签到等会务工作。会议在 8 点半正式开始，我们在 8 点之前，就开始进行准备工作。之前从不知道，筹备会议是如此烦琐的一件事情，事无巨细，都要一一安排。我仅仅负责各生态环境厅的代表和各位专家的签到及信息填写，就已经有点焦头烂额了。在这两天的工作中，我明显感受到了自己跟别人进行交流时的青涩和学生气。在我们的校外指导教师于奇姐的帮助和指导下，我知道了如何更加恰当地与别人沟通，在参加类似正式会议时的着装问题等。

开会讨论方案

　　短暂的实习生活很快就结束了，这期间每一天发生的点点滴滴，都深刻地留在了我的记忆中。十分感谢这一个月来，我的校内联系导师施正香老师、李浩老师以及基地指导老师于奇姐姐对我的指导和帮助，让我度过了十分充实、收获满满的实习生活。虽然这次在生态环境部环境发展中心农村环保研究室实习中，我没有机会参与到实际生产当中去，但是我对国家的政策有了更多的了解，使我能够站在更宏观的角度去看待我们的专业，也坚定了我要在农建专业继续发展的决心。在大四的学习中，我要更加珍惜最后一年时光，努力学好专业知识，同时有意识地锻炼自己为人处世的能力，让自己的大学生活更加圆满，去迎接新的挑战。

王子昂
——博天环境集团股份有限公司

"过程也很重要。"

在博天环境集团股份有限公司实习的时候，我印象最深刻的便是做的关于河北省钢铁废水市场的调研报告。这个任务是第一天到公司的时候校外导师叶瑞娜布置的。在我们第一天开完启动会的时候，老师把我和吴俊豪单独叫出来，告诉我们每个人要做的任务，其中我要做的是河北省钢铁废水市场调研，吴俊豪要做的是北京市的钢铁废水处理市场报告。期初我俩接触这个工作的时候都感觉毫无头绪，因为市场调研这个领域我们并没有接触过，更别说要写一篇市场调研报告了。但后来我们思考、讨论之后，我将自己的任务分成了三步来做。

首先是做河北省所有钢铁废水处理中标企业的调查，其次是查找国家和地方出台的有关钢铁废水处理的政策，最后根据这两个内容来编写市场调研报告。

说着容易，做起来真的是十分烦琐，并且特别复杂。先说查找中标企业，我需要确定的信息主要有中标时间、项目名称、业主单位、具体体量、合同额、业主项目、负责人、招标代理机构、中标单位信息、中标单位负责人等。信息繁多，在百度上根本查不到；有的虽然可以查到，但需要付费注册会员，由于价格过于昂贵不得不放弃，因此我只能上各个企业的官网上查找，几乎一天查看的网页都有几百个，但即使这样，也没有办法将所有信息查全。

其次便是国家和地方性的政策，这个还算是相对而言比较简单的，但是说简单也需要花费很长的时间，我需要进到各种各样的政府网页上查看各种各样的相关政策。通过了解国家以及地方出台的相关政策，我对钢铁废水处理市场的行情算是了解了一些，知道了为什么现在钢铁废水处理这么热门，因为政策已经对企业的环保工作做出了很严格的要求，这就倒逼钢铁工厂不得不去做钢铁废水的处理。的确应该这样，现在环保态势越来越严峻，钢铁厂要做好模范带头作用，在废水处理方面一定要做好。

最后是完成市场调研报告。由于之前对工作已经熟悉了，这项工作就显得轻松起来。在查找资料以及分析数据方面的能力明显比之前提高了许多，编写过程如鱼得水，最终只花了半天时间便完成了报告。

将市场调研报告交上去之后，我的导师叶瑞娜老师在仔细查看之后给了我很高的赞誉，虽然写得还不是很成熟，甚至可以说是非常青涩，但交上去的作品还是很完整的。

做这个市场调研报告主要是能力的锻炼过程，前期做的两项工作都是为了后期市场调研报告的撰写，我在这个过程中的确得到了不少锻炼。

实践基地篇

北京中农富通园艺有限公司

北京中农富通园艺有限公司（简称中农富通）是以中国农业大学、中国农业科学院、北京市农林科学院、北京农学院等科研院校的专家和技术为依托的农业高科技服务企业，是北京市农业产业化重点龙头企业和国家高新技术企业。目前，已经形成乡村产业发展研究院及农业规划设计事业部、城乡规划事业部、设施工程事业部、园艺工程事业部、农业科技信息事业部、节水灌溉事业部、科技园事业部、企业管理事业部、农产品产销对接事业部等事业部，建有北京国际都市农业科技园、中国南和设施农业产业集群、南和农业嘉年华、中国现代农业技术展示馆（广西玉林"五彩田园"农业嘉年华）、海峡两岸（广西玉林）农业合作科技示范园、山西保德繁庄塔高新农业科技示范园、山东莘县中原现代农业嘉年华、甘肃酒泉中荷智能连栋温室、江苏洋河农业嘉年华、湖南益阳农业嘉年华、山西大同农业嘉年华、江苏金湖水漾年华、开封爱思嘉农业嘉年华等示范基地。中农富通正在蓬勃发展，已在山西太原、山西忻州、安徽马鞍山、山东莘县、广西南宁、广西玉林、河北邢台、四川成都、山西大同、江苏宿迁、江苏南京、江苏金湖等地设立了分支机构。

中农富通拥有近千名高学历、高素质、实战经验丰富的一线人才组成的团队和 1 000 余位来自国内外知名科研院校的资深专家，多次承担并荣获多项国家重大攻关课题奖项，并通过 ISO 9001 质量管理体系认证和 ISO 14001 环境管理体系认证。

中农富通立足北京、辐射全国、面向世界，长期致力于国际合作，已与美国、荷兰、挪威、丹麦、法国、以色列、德国、意大利、俄罗斯、西班牙等近百个国家和地区就现代农业科技引进推广建立了战略合作关系。

柯炳生校长与我们在一起

中农富通始终坚持国家战略，秉承"聚世界一流农业人才、建国际优秀推广平台"的发展愿景，整合人才、科技资源，为政府、企业等提供乡村产业发展研究、规划设计、工程建造、科技推广、运营管理、农产品产销对接等

公司成果——农业嘉年华

多元化、全方位、一揽子服务，可做到"交钥匙"的精品工程，项目覆盖全国，得到社会广泛好评。

中农金旺（北京）农业工程技术有限公司

　　中农金旺（北京）农业工程技术有限公司（简称中农金旺）是中国农业大学资产管理公司参股企业，公司成立于2004年年初，是专业从事农业园区规划设计，现代化设施园艺工程设计承建、现代化设施畜牧工程设计承建、生态园工程设计承建、农业种植技术培训与服务的综合型农业公司。公司是中国农业大学科技园企业，中关村国家级高科技园区高新技术企业，中国农业科技园创新战略联盟副理事长单位，中国光伏农业工作委员会专委会会员单位。

　　公司在依托中国农业大学技术资源的同时，与中国农业科学院、浙江大学、西北农林科技大学、北京林业大学等国内著名高等学府和科研院所有着长期的科研课题合作、项目开发及成果转化业务。公司具备从设计、加工、施工以及售后咨询策划等全流程服务能力，具有正规的研究、设计、加工和施工等机构。中农金旺公司主要管理人员和设计师均是从事本行业10年以上的资深人士。

　　作为中国农业大学直属企业，公司既是农业人才实践锻炼的摇篮，同时也是学校教学、科研的坚实平台，金旺人曾多次参与国家重大课题项目，从"九五"期间的国家重大科技产业工程项目——"工厂化高效农业示范工程项目"，到国家"十五"的"工厂化农业关键技术研究与示范""温室作物优质、高产、节能栽培综合环境调节机理与技术""设施农业分布式网络控制技术的应用与开发"，再到"十一五"的科技支撑计划"现代高效设施农业工程技术研究与示范"等多项课题的研究和推广，都留下了中农金旺公司相关人员踏实的脚步和辛勤的汗水。此外，公司还积极参与了"948"关键技术引进，高科技"863""973"等项目，并进行了大量推广和应用。

2005 年年底公司整合多方面资源强势进入生态农业和沼气工程领域，结合新农村建设，大力发展循环经济模式，服务"三农"。2006 年公司又连续推出全新的生态工程设计方案，提出了生态餐饮、生态洗浴、生态超市、生态公园以及生态阳光房等绿色健康概念。同期，公司积极拓展国外市场，先后将公司的拳头产品"金旺温室"和"金旺种植"项目出口到朝鲜、阿塞拜疆、哈萨克斯坦、蒙古国、俄罗斯、苏丹、赞比亚等国家。

荣誉属于昨天，中农金旺大力加强相关领域的科研开发力度，依托中国农业大学优良的设备环境、领先的科研成果和强大的专家队伍，依靠自己强大的研发实力，雄厚的工程技术力量、先进的设计理念、

公司成果——观光温室

公司成果——观光温室（续）

丰富的建造经验和完善的售后服务，将竭诚提供优良的、高水准的、全方位的技术支持与服务。

北京农业机械研究所有限公司

北京农业机械研究所有限公司原系北京市人民政府 1959 年批准设立的独立的省级科研事业单位，2000 年转制为全民所有制企业，2017 年改制为有限公司，隶属于北京汽车集团有限公司。

以科技为先导，设有现代农业创新中心，结合国家惠农政策及市场需求，积极致力于设施农业工程技术与装备的开发，以及种养加结合、一二三产融合现代循环农业产业园规划设计及建造工作、关键环节技术装备开发推广工作，在此基础上，公司推动构建了京鹏温室、京鹏畜牧两大高新技术产业公司，建有北京都

公司基地

基地的植物工厂

市型现代农业科技与产业创新示范园、现代农业装备生产加工基地两大基地。

先后完成了国家、省部级课题370多项，其中获国家、部、市级奖励86项，获得各级奖励共157项，192项次，获准专利252项。

公司是"全国综合科研能力优秀单位""全国农业科技开发十强单位""京郊经济发展十佳单位""北京市工厂化农业设施工程技术研究中心""北京市菜篮子机械设备中试基地""北京市企业技术中心"，首都设施农业科技创新服务联盟副会长单位，中国农业工程学会、中国畜牧业协会、中国奶业协会、中国农业机械学会机械化养猪协会、北京畜牧业协会养猪业分会、中国畜产品绿色产业联盟、中国园艺学会设施园艺分会和中国农学会农业科技园区分会的常务理事单位，中国农业机械工业协会设施农业装备分会会长单位。

北京京鹏环宇畜牧科技有限公司

北京京鹏环宇畜牧科技有限公司，是北京市农机研究所控股的新三板上市公司，专业从事畜牧工程和装备的高新技术企业，是北京市科技研发机构、北京畜禽健康养殖环境工程技术研究中心、国家鼓励发展的重大环保技术装备依托单位、全国通用类农机补贴目录入选企业、畜牧机械行业十强企业。公司前身是2002年在研究所原畜牧事业部基础上组建的京鹏畜工程公司，2006年7月正式注册北京京鹏环宇畜牧科技有限公司，2012年3月注册北京京鹏环宇畜牧科技股份有限公司，2013年8月新三板挂牌上市。公司现有职工180余人，其中博士和硕士占12%、大学本科以上占73%，高、中级职称占20%。

公司开拓自主创新体系，能够为客户提供从场区选址—场区规划设计—配套设备生产、采购、加工、安装、调试—管理培训—技术服务等为一体的现代化畜禽场建造"交钥匙"工程。以人、动物、环境、效益的相互和谐为宗旨，以为动物缔造舒适的居住生活为服务理念，专业的目标管理模式设计+专业的工艺规划设计+专业的建筑工程+配套设施设备+环境控制系统整体解决方案+自动饲喂系统+粪污综合治理工程+新能源利用+专业的技术服务体系。

公司以市场为杠杆撬动科技研发，设立科技研发分公司，构建了市场–工程–科研互动的组织体系。公司与农机研究所科研中心、中国农业大学建立科研合作关系，公司为"中国农大优秀校外实践教学科研基地"。目前，37项技术成果获专利，32 种交钥匙工程配套产品列入国家农机补贴目录。"生猪健康养殖与环境优化技术及装备"课题，列入国家科学技术部重点科研项目，"动物工厂健康养殖模式及关键技术与装备研发与示范"课题，列入北京市科学技术委员会重点科研项目。

生猪健康养殖系统

公司以"专家的设计理念，专业的技术支持，专心的服务体系"为宗旨，与国内 12 个重点科研院所、院校的专家建立长期技术合作关系，承建的现代化畜禽舍工程，以国际领先的技术和可靠的质量、优质的售后服务，遍布全国。2004 年以来，挤奶设备、养猪设备产品出口朝鲜、马来西亚、俄罗斯、古巴等 13 个国家。

生猪健康养殖系统（续）

公司坚持以科学发展观为指导，以"创业报国，服务'三农'"为己任，以打造民族品牌为目标，积极投身于我国现代化畜牧业建设。

中博农畜牧科技股份有限公司

中博农畜牧科技股份有限公司（下文简称中博农）成立于 2002 年，总部位于北京市中关村科技园区，公司自有办公面积 1 700 余平方米，生产基地 45 000 平方米。2010 年度首届全国农业科技创新创业大赛冠军企业；2011 年度 AAA 级资信企业，荣获 50 强 100 优中小高新技术企业称号；是行业内率先获得专业施工资质证书的牧场建设企业。

中博农专业从事牧场规划、设计、建造和管理、咨询、培训"一体化服务"，是国内最早专业从事畜牧工程设计的企业之一。公司集科研开发、加工制造、设计安装、售后服务、托管、咨询培训于一体；监督每个环节，完善每个细节，结合具体地理环境条件为客户提供最优化的牧场解决方案。

规模化现代牧场

2010 年深圳创投和天津创投等风险投资注资中博农，使中博农成为业内率先获得风险投资的企业。创业至今，中博农已经在黑龙江、内蒙古、山东、宁夏、新疆、江西、四川、安徽、天津、贵阳等全国 20 多个省份，规划、设计、托管、建造了 150 多座适宜当地环境的规模化牧场。其中包括有亚洲第一牧场之称的现代牧业和林牧场（原蒙牛澳亚牧场）、重庆渝北区万头规模的重庆隆生农业养猪场、河南省黄泛区 2 万头规模的河南农业科学院示范猪场、中国农业大学 863 项目种鸡场等。中博农不断推出新理念、新产品、新工艺，为中国畜牧养殖水平不断提升注入新动力！

智能创造价值，责任守护健康，博爱扮美生活。遵循这一核心价值观，中博农将不遗余力地推行生态养殖、倡导循环经济，促进国内畜牧业由传统型向规模化、集约化、标准化、现代化转变，努力为中国现代规模化牧场建设做出贡献。

北京国科诚泰农牧设备有限公司

北京国科诚泰农牧设备有限公司（以下简称国科诚泰）是一家为中国畜牧行业提供规划设计、设施设备、智慧养殖、高效环保、资源利用、国际融资、电商服务的国际性高新技术企业，中国畜牧机械十强企业，具有国内领先的畜牧行业整体解决方案、农牧行业最佳环保解决方案。

公司主要经营奶牛、肉牛、猪、羊等牧场设计、管理服务及相关设备设施（牧草设备、畜舍设备、饲喂设备、挤奶设备、粪污处理设备等），另外，还有为牧场配套的融资租赁服务和购物网站（易牧网）等。公司大部分产品已被列入《国家支持推广的农机补贴目录》，享受中国各省市农业机械购置补贴。

国科诚泰现有员工200多人。目前在中国有18个办事处，37个配送网点，100余个经销商，产品覆盖中国30余个省份。

国科诚泰整合全球资源，成功整合了意大

规模化牧场设备生产车间

利司达特公司、丹麦萨科公司，并且与意大利罗塔公司、德国欧奔公司、德国康博集团等国际著名企业达成战略合作关系，汇聚了以色列、意大利、丹麦、德国、加拿大等国外众多行业专家的技术权威团队，在规模牧场设备及

规模化牧场设备生产车间（续）

数字化管理等高新技术领域为众多的牧场客户提供一体化专业高效的服务和支持。公司通过与伊利乳业、蒙牛乳业、光明乳业、现代牧业、沈阳辉山、三元绿荷、圣牧高科、君乐宝乳业、科尔沁乳业等3 700多个客户群体长期深入的交流合作，将国际先进的管理理念与中国的实际情况完美结合，研发并建立起了一整套规模化牧场的管理服务解决方案。

永远领先一步，整合国际优质资源，服务壮大中国畜牧业是国科诚泰永远的使命。

中粮营养健康研究院

中粮营养健康研究院是国内首家以企业为主体的、针对中国人的营养需求和代谢机制进行系统性研究以实现国人健康诉求的研发中心。

中粮营养健康研究院作为中粮集团核心研发机构，以"立足生命科学、致力营养健康，服务产业链、研发好产品，提升人们的生活品质"为使命，以"创新超越客户诉求，科技引领健康中国"为愿景，以全方位支撑集团产业发展为中心，采用开放创新和自主研发两种模式，围绕"以营养健康为核心的产品开发""以提质增效、节能减排、绿色可持续发展为核心的技术开发"开展研发创新工作。目前，研究院打造了一个集聚粮油食品创新资源的开放式国家级研发创新平台，形成了一支学历层次高、学科交叉互补、年轻有活力、文化多元的粮油食品领域创新团队，成为了国家粮油食品行业科技战略的执行主体。

研究院成立以来，获得了一系列研发平台资质，包括国家副食品质量监督检验中心、国家粮食局粮油质检中心、

研究院大楼

天然产物国家标准样品定值实验室、国家能源局生物液体燃料研发（实验）中心、国家引才引智示范基地、中国工程院科技知识中心营养健康分中心、粮养天下国家级星创天地、中粮营养健康科学园国家级众创空间、营养健康与食品安全北京市重点实验室、老年营养食品研究北京市工程实验室、农业农村部糖料与番茄质量安全控制重点实验室、北京市畜产品质量安全源头控制工程技术研究中心、食品加工技术与食品营养北京市国际科技合作基地、院士专家工作站、博士后科研工作站；联合建立食品质量与安全北京实验室、中国－澳洲未来乳品制造技术联合研究中心；中国粮油学会粮油营养分会、中国仪器仪表学会食品质量安全检测仪器与技术应用分会挂靠单位；牵头成立营养健康食品产业技术创新战略联盟、军民融合食品技术创新战略联盟；食品质量与安全检测实验室通过了实验室认可、实验室资质认定、食品检验机构资质认定。

研究院获得国家级高新技术企业认证、"首都文明单位"、国家外国专家局"国家引进国外智力示范单位"、国家粮食和物资储备局"全国科技兴粮示范单位"、国家知识产权局专利局"专利审查员实践活动基地"、科技部中宣部中国科协"全国科普工作先进集体"等荣誉称号。所属国贸食品科技（北京）有限公司、中粮生物科技（北京）有限公司亦获国家级高新技术企业认证。

北京盈和瑞环保工程有限公司

北京盈和瑞环保工程有限公司（下文简称盈和瑞）成立于 2005 年，是国家级高新技术企业、中关村高新技术企业。公司历经 10 余年发展，专注于污水处理和生物质沼气领域。

盈和瑞是中国最早从事搪瓷拼装罐技术研发的公司，独立设计并建造了中国第一座搪瓷拼装罐，截至目前，在全球市场已经完成了 6 000 余座罐体。

公司拥有环境工程（水污染防治工程）专项乙级设计资质，环保工程专业承包贰级施工资质，公司通过 ISO 9000 及 ISO 14000 认证，拥有 3 条搪瓷钢板生产线，自主研发生产搪瓷钢板，同时也是行业标准的牵头单位。

公司员工 120 人左右，EMBA 2 名，博士 2 名，硕士 8 名，本科 50 多名，

公司主营业务

高级工程师 4 名，中级工程师 20 多名，注册一级、二级建造师 10 多名。

在生物质沼气领域，盈和瑞不断创新，拥有兼氧微生物水解技术（SAHP）、厌氧生物倍增技术（ABDP）、沼气生物脱硫技术等一系列先进技术。多年的经验积累，公司可以提供可靠的 EPC 服务。

如今，盈和瑞定位成为中国领先的城乡有机废弃物综合解决方案供应商，以创新的城乡分布式环保能源站的商业模式，为客户提供装备生产、工程总承包、项目投融资等 A-Z 的全方位服务。盈和瑞愿与所有关注城乡环境的同行一起，精诚协作，为建设美丽城乡而努力。

公司主营业务（续）

博天环境集团股份有限公司

博天环境集团股份有限公司（下文简称博天环境）是中国环境保护领域出发较早、积淀深厚的企业。自 1995 年成立以来，坚持服务客户、以贤为本、追求卓越、不断创新、持中守正的经营理念，以"构铸天人合一的美好环境"为使命，致力成为卓越的生态环境综合服务商。

2017 年 2 月 17 日，博天环境在上海证券交易所挂牌上市。截至 2018 年年底，博天环境总资产达 119.20 亿元，同比增长 37.07%。2018 年，公司旗下共有超过 100 个分、子公司和项目公司，5 大区域中心，2 000 多名员工，业务覆盖海内外。

博天环境作为国家级高新技术企业，已获得了 40 余项具备技术领先性和实用性的专利，被知识产权局评为"北京市专利试点企业"。同时，公司还根据实践研发了数十项实用性强、投资造价低、能耗节约的专有技术工艺，如 MTO 污水脱氮技术、浓盐水减量化及零排放技术、BGL 炉废水处理技术、煤化工污水回用技术、循环水冷凝回收节水技术等，有效地解决了工业水处理技术难度高（High Technology）、工程造价高（High Investment）和运行成本高（High Cost）的"三高（3H）"难题，得到客户高度认可。

公司子公司博天设计研究院被北京市科委认定为"北京市科技研发机构"，以北京总院为基础，辐射上海、天津、武汉和西安四地分院，提供贯穿项目实施全程的卓越水环境技术解决方案服务；自主研发课题"自动力生物转筒反应器成套设备""浓盐水超声膜蒸馏成套设备""新型聚偏氟乙烯复合中空纤维膜"分别被列入北京市科学技术委员会（简称科委）的科技计划和创新项目库，并获得科委和海淀区的相关创新支持。

公司入选中关村瞪羚重点培育企业、中关村"十百千工程"重点培育企业、2011 年度中关村高成长 100 强企业，连续 6 年（2006—2011 年）入选"水业十大优秀工程技术公司"，并被评为"2012 年度中国水业最具影响力服务企业"，是中国领先的水环境综合服务商。

国峰清源生物能源有限责任公司

清洁能源项目

国峰清源生物能源有限责任公司成立于 2016 年 2 月，注册资本 1 亿元。公司定位于区域性的固废综合治理及分布式的清洁能源供应。

公司的发展目标是做中国最专业、最具规模的有机废物治理、可再生能源转换及综合利用的技术集成商、服务商及运营商，标本兼治，产融结合，实现有机废物综合治理和污染治理，同时产生清洁能源与有机肥料，改良土壤，提高农产品品质，达到综合循环利用和效益的最大化，创造良好的社会和经济效益，成为技术集成世界领先的新能源高新技术企业。

与中国华北电力大学、浙江大学、东南大学、北京化工大学、中国石油大学，中国西安热工研究院、华北电力科学研究院、中国生态环境部南京环境科学研究所、中国科学院煤炭化学研究所及日本株式会社昭和公司等建立战略合作关系。一直跟踪着国际最新的环保、新能源、清洁能源技术的发展和产业化进程。

北京中环膜材料科技有限公司

北京中环膜材料科技有限公司（下文简称中环膜）致力于向广大用户提供创新分离膜产品、膜集成装备及高端膜应用系统解决方案，是国家级高新技术企业，首批获得中国膜行业 AAA 级信用的品牌企业，中国膜工业协会常务理事单位，疏水膜技术与工程应用专业委员会副秘长单位，中国海洋学会海水淡化与水再利用分会理事单位，北京膜学会理事单位等。核心技术力量依托原中国科学院生态中心高分子膜研发团队，在高分子膜材料、膜组件构造研究及应用开发方面有近 40 年的经验。

采用 TIPS 法制备的聚偏氟乙烯（PVDF）超滤膜产品是中环膜核心膜制造技术。因其更加高效节能，更长使用寿命以及更低维护成本的特性，获得广泛的应用与推广，已经在全球 10 多个地区，20 多个行业的数百项案例中使用，2014年该产品列入国家重点新产品立项项目，并先后荣获北京市新技术新产品（服务）证书，取得卫生健康领域国际 NSF 认证。

公司大楼

　　公司开发的MCR（膜化学反应器）技术将高效膜分离技术与化学反应工艺相结合，利用反应器内高化学污泥浓度特征，强化胶体、悬浮物、溶解性盐类物质等架桥及共反应的作用，实现对超细悬浮物、硬度、溶解性硅、重金属离子等高效分离与去除，具有显著节能、高度集成化、精细去除和常温可控需求等特点，为解决工业高难废水处理及回用、液体近"零排放"、资源化综合利用提供了全新的解决方案。MCR技术获2018中国膜工业协会科学技术奖一等奖，并已成功入选工信部《国家鼓励发展的重大环保技术装备名录》依托单位。

北京汉通建筑规划设计顾问有限公司

北京汉通建筑规划设计顾问有限公司成立于2004年，创立之初主要从事与建筑设计、城市规划和景观设计相关的设计顾问类服务，为

北京市区和周边地区以及开发商提供从规划设计到建筑设计再到景观设计等类别的设计服务。

从2008年之后，汉通的业务类型逐渐拓展到全国各地，并在原有业务类型的基础上逐步拓展到城市开发建设的全领域和全过程，成为一家综合性工程设计顾问公司。

目前，公司业务涵盖城市规划、建筑设计、景观设计、旅游策划、室内设计、项目管理、数字科技等方面的专业设计及顾问服务。拥有两项设计资质：建筑工程设计甲级资质及城市规划设计乙级资质。能为客户提供"一站式"专业化设计及顾问服务。

公司以创新、严谨、务实的设计风格吸引了大量优秀人才的加盟，现有员工150余人，技术团队由1个城市规划所、4个建筑设计所、1个景观设计所、1个旅游规划所和1个室内设计所组成。工作的和谐氛围、专业的协调配合、业务的创新理念是公司取得优秀创作成果的有力保证。

公司通过10余年来的不懈努力，在规划、建筑与景观等设计领域取得了丰硕的成果：被国际景观规划行业协会（ILIA）授予"全国优秀设计机构"称号，进入了设计领域的全国50强。公司员工中，获得"全国杰出中青年景观规划师"称号1人；规划与建筑设计作品获得中国建筑学会授予的全国人居环境奖金奖3

项；规划与景观设计作品获得国际景观规划行业协会"艾景奖"大奖 10 项。开拓、创新和品质是公司业务追求的目标。

公司规划设计项目

清华大学建筑设计研究院

清华大学建筑设计研究院成立于 1958 年，为国家甲级建筑设计院。设计院依托于清华大学深厚广博的学术、科研和教学资源，并作为建筑学院、土水学院等院系教学、科研和实践相结合的基地，十分重视学术研究与科技成果的转化，规划设计水平在国内名列前茅。2011 年，被中国勘察设计协会审定为"全国建筑设计行业诚信单位"。2012 年 10 月，被中国建筑学会评为"当代中国建筑设计百家名院"。

清华大学建筑设计研究院现有工程设计人员 1 200 余人，其中拥有中国工程院、中国科学院院士 6 名，勘察设计大师 3 人，国家一级注册建筑师 185 名，一级注册结构工程师 69 名，高级专业技术人员占 50% 以上，人才密集、专业齐全、人员素质高、技术力量雄厚。

成立至今，清华大学建筑设计研究院始终严把质量关、秉承"精心设计、创造精品、超越自我、创建一流"的奋斗目标，热诚地为国内外社会各界提供优质的设计和服务。

生态环境部环境发展中心

中心大楼

生态环境部环境发展中心（中日友好环境保护中心，下文简称中心）是生态环境部直属事业单位，是生态环境管理的综合性技术支持与服务机构，以及对日环境交流与合作的平台和窗口。

中心由中日两国政府合作建设，于1996年5月5日建成投入使用。中心自成立以来，在环境政策研究、环境信息化建设、固体废物管理、环境宣传教育、环境分析测试、环境技术交流合作、环境管理能力建设等方面为国家环境保护事业发展做出了积极贡献，先后成立生态环境部环境与经济政策研究中心、固体废物与化学品管理技术中心、信息中心、宣传教育中心等机构。

中心的主要职责和业务领域包括生态环境科研成果的评估、推广和应用，国家环境保护重大科技专项管理，环境分析测试技术研究与服务，环境标准样品研发，环境社会风险防范和环境政策社会风险评估，农村生态环境治理技术体系研究，规划环境影响评价研究，生态环境大数据应用研究，人才队伍建设和体制改革研究，环境标志认证与管理，绿色消费促进和工业生态设计研究与咨询，排污权有偿使用和交易技术管理，污染源调查技术研究和数据管理与分析，中日环境合作交流与项目管理，国际环境问题研究与交流等。主办《中国环境管理》期刊。

目前，中心正围绕生态文明建设和生态环境保护新要求，以生态环境科技成果转化为重点，做大做强环境分析检测及标准样品研发、绿色生产与消费引领业务，培育和壮大排放交易、生态环境大数据分析、环境社会风险防范、农村环境治理等环境管理新领域，建立和完善生态环境技术及服务发展的促进体系。中心在新的发展起点上，正在迈着坚实有力的步伐走向未来，为生态文明建设和生态环境保护事业、促进国际环境合作交流，发挥着日益重要的作用，贡献着愈来愈大的力量。

中国人民对外友好协会

协会大楼

中国人民对外友好协会（下文简称全国对外友协）是中华人民共和国从事民间外交事业的全国性人民团体，以增进人民友谊、推动国际合作、维护世界和平、促进共同发展为工作宗旨，代表中国人民在国际社会和世界各国广交深交朋友，奠定和扩大中国与世界各国友好关系的社会基础，是致力于全人类团结进步的事业。全国对外友协贯彻执行中国独立自主的和平外交政策，遵循和平共处五项原则，开展全方位、多层次、宽领域的民间友好工作，为实现中国的和平发展与和平统一大业服务，为建设持久和平、共同繁荣的和谐世界而努力奋斗。全国对外友协的各项活动得到中国政府的支持和社会各界的赞助，已设立46个中外地区、国别友好协会，与世界上157个国家的413个民间团体和组织机构建立了友好合作关系。

中元牧业有限公司

中元牧业有限公司（以下简称中元牧业）位于河北省石家庄市新乐市木村北沙河南岸，是由中博农畜牧科技股份有限公司投资的全资子公司。公司成立于 2015 年 6 月，占地 2060.96 亩，总投资约 12 亿元；2017 年 4 月建成投产。目前存栏 1.8 万头，泌乳牛单产 35.8 千克，成母牛年单产 11 吨，日产鲜奶 340 吨。2017 年获得河北省科学技术厅颁发的"科技小巨人"荣誉称号，并取得"学生奶饮用奶奶源基地证书"，牛奶质量已达到三元婴幼儿奶粉原料奶的要求，成为三元学生奶指定牧场。2017 年被农业部评为"奶牛标准化示范场"，被河北省畜牧兽医局评为"2017 年农业部畜禽养殖标准化示范场"。2018 年获得"市级龙头企业"资质和"石家庄市级现代农业园区"资质。2019 年获得"河北省扶贫龙头企业"的荣誉称号，并被评为"河北省省级休闲农业五星级企业"。

中元牧业有全球最大的 100 位 EXCALIBOR 重型转盘式挤奶机，每小时可挤奶牛 1 260 头左右。同时，为确保鲜奶质量，配套引进国际先进牛奶检测设备，可对产奶环节进行全方位监测。奶牛品种全部是从澳大利亚进口的荷斯坦奶牛，荷斯坦奶牛也是当今世界上产奶量最高、养殖数量最多的奶牛品种。

中元牧业坚持"生态牧业＋科技牧业"的高质量可持续发展理念，致力于打造以"奶牛养殖－粪污处理－沼液还田（沼气发电）－饲草料（蔬菜）种植－奶牛养殖"为主导模式的种养结合、生态循环、安全高效的现代化奶牛养殖示范场。目前已建有日处理粪污 1 170 吨、日产沼气 26 000 立方米的大型沼气工程、

5 000 亩玉米青贮种植基地，120 亩智能玻璃温室蔬菜大棚即将建成。

中元牧业将努力朝着"持续创新发展、建设一流牧场"的愿景目标不懈奋进。

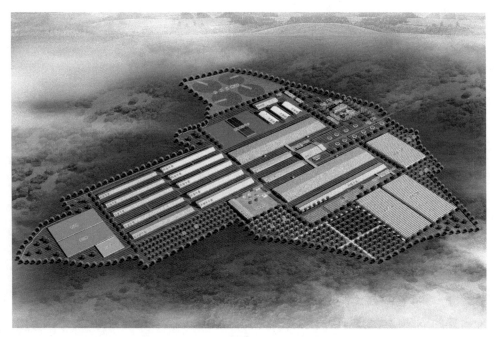

示范奶牛场

后 记

　　我们农业建筑环境与能源工程专业（简称农建专业）自 1979 年成立以来，一直紧跟国家改革开放步伐，领衔创办农建学科 40 余年，为国家和行业"菜篮子工程"领军人才培养做出了重要贡献！

　　为了能够在新时代培养更多"知农爱农"新型人才，在学科带头人李保明教授的带领下，农建专业构建了"核心课程 – 专业性实践 – 创新创业竞赛"能力训练环节，通过"观察性思考 – 思考性学习 – 学习性实践"素质培养过程，造就高质量人才。"专业综合实践"课程就是践行农建专业人才能力与素质培养的关键环节之一，希望通过校企深度合作，锻炼同学们理论紧密联系实际的工程能力以及基于产业需求 / 科学问题的创新思维和创新方法，实现产学研协同育人目标，解决产业发展对秉承"强农爱农为己任"精神的新型人才的迫切需求问题。

　　作为一名指导教师，我很欣喜地看到"专业综合实践"课程之后很多同学的变化：思考问题的角度变了，对专业的理解更深了，在国内外著名学府相关专业继续深造的同学更多了，从事农建专业工作的想法也变得更加坚定了……例如，在京鹏环宇畜牧科技股份有限公司实习的王琦同学，总结自己的最大实习感受是从校园到实际的思维转变，相信在后面的学习工作中，多维度的思维会让他受益更多；赵娜同学的收获是"站在更宏观的角度去看待我们的专业，坚定了我要在农建专业继续发展的决心"，于是她最终选择了留在本专业继续深造。我想这都是同学们在过程中经受风吹日晒、经过实践检验、通过深思熟虑所获得的成果。

令人更加高兴的是有更多的同学到乡村规划、设施农业等事业和重点龙头企业就业，并受到了行业内教学、科研、工程设计、咨询管理、政府部门等单位的普遍欢迎和广泛好评！也更加坚定了我们深入践行复合型创新型人才培养、办好农建专业的信心和决心！

此时，各位同学都已经开启了新的征程。相信本次实践的收获能够更好地助力同学们未来的学习与工作，期待大家能够更好地服务国家乡村振兴战略，早日承担起实现农业农村现代化的重任！

祝愿同学们一切顺利！

祝愿农建专业越办越好！

王朝元

中国农业大学农业建筑与环境工程系

2020 年 10 月